高等学校电子信息类"十三五"规划教材

电工电子技术实验及实训教程

主　编　刘沛津　韩　行

副主编　任继红　孙长飞

参　编　马　玉　彭莉峻

　　　　杨　婷　杨　蕊

U0377939

西安电子科技大学出版社

内 容 简 介

　　本书是高等学校工科类各专业电工电子技术实验及实训教材，可作为单独设课的电工电子实验及实训教材使用，亦可作为电工技术、电子技术、电工学(土建类)等课程的配套实验教程。本书共 7 章，内容包括电工技术实验、模拟电子技术实验、数字电子技术实验、可编程控制器实验、电子电路仿真设计实验、综合设计与研究性实验、电工与电子技术实训。

　　本书的特点是既有验证性实验、设计性实验和综合性实验，又有仿真实验及实训内容；既涵盖了电工电子基础性的传统经典实验，也收录了部分具有现代特色的实验。本书具有很强的实用性和综合性，重在培养综合创新和工程实践能力。

　　本书可作为电工技术(电工学上)、电子技术(电工学下)、电工学(少学时和土建类)等非电专业课程实验教材，也可作为电路、模拟电子技术、数字电子技术等电气专业课程实验教材。

图书在版编目(CIP)数据

　　电工电子技术实验及实训教程/刘沛津，韩行主编. —西安：西安电子科技大学出版社，2014.9
(2016.4 重印)
　　高等学校电子信息类"十三五"规划教材
　　ISBN 978 - 7 - 5606 - 3449 - 4

　　Ⅰ. ①电…　Ⅱ. ①刘…　②韩…　Ⅲ. ①电工技术-实验-高等学校-教材　②电子技术-实验-高等学校-教材　Ⅳ. ①TM - 33　②TN - 33

　　中国版本图书馆 CIP 数据核字(2014)第 186356 号

策　　划　戚文艳
责任编辑　秦志峰
出版发行　西安电子科技大学出版社(西安市太白南路 2 号)
电　　话　(029)88242885　88201467　　邮　　编　710071
网　　址　www.xduph.com　　　　电子邮箱　xdupfxb001@163.com
经　　销　新华书店
印刷单位　陕西天意印务有限责任公司
版　　次　2014 年 9 月第 1 版　2016 年 4 月第 2 次印刷
开　　本　787 毫米×1092 毫米　1/16　印　　张　12.375
字　　数　292 千字
印　　数　4001～7000 册
定　　价　22.00 元

ISBN 978 - 7 - 5606 - 3449 - 4/TN

XDUP 3741001 - 2

＊＊＊如有印装问题可调换＊＊＊

本社图书封面为激光防伪覆膜，谨防盗版。

前　言

本书是依据高等学校电工电子技术实验课程的改革需要，总结编者多年的教学、科研和工程实践经验编写而成的。

本书在编写过程中，考虑到电工电子实验课程单独设课已成为各高校改革的主流趋势，适当扩大了知识面，突出了应用性，注重了学生创新能力及工程实践能力的培养。

本书共7章，内容包括电工技术实验、模拟电子技术实验、数字电子技术实验、可编程控制器实验、电子电路仿真设计实验、综合设计与研究性实验、电工与电子技术实训。实验内容按性质可分为验证性实验、研究性实验、仿真设计实验和实训实验。验证性实验介绍了实验的原理、内容、操作步骤以及仪表仪器的使用与测试方法。设计性实验主要提出了电路的设计方法与思路，指导学生自行设计实施。仿真设计实验解决了由于时间和实验条件限制，使学生难以通过实验对问题进行研究的矛盾，进而掌握电子线路和系统的分析方法。实训实验保留电工电子技术的传统和基础性内容，同时增加了新型器件和工艺知识；在实际教学中，严格按照工程要求进行训练，培养学生的工程素养、动手能力，以及分析问题和解决问题的能力。

通过本书的学习，可以帮助学生掌握常用的电工电子仪器设备的使用方法，指导应用型工程技术人员掌握必备的电工电子技术实训理论知识，巩固理论基础，增强实践能力，为学习后续课程及从事实际工作奠定良好的电工电子基础。

本书第1章由杨蕊、韩行、任继红编写，第2章由彭莉峻、刘沛津、孙长飞编写，第3章由杨婷、韩行编写，第4章由任继红、彭莉峻、马玉编写，第5章由马玉、杨蕊编写，第6、7章由孙长飞、杨婷、刘沛津编写。全书由刘沛津、韩行统稿，谷立臣教授主审。

由于编者水平有限，加之时间比较仓促，书中疏漏和不妥之处在所难免，殷切希望广大读者给予批评指正。

编　者
2014 年 4 月

目 录

第 1 章　电工技术实验

第一节　电工测量仪表

电工测量的对象主要是电路中的物理量，如电压、电流、功率、频率、电能、电阻等。测量这些电量的仪器仪表统称为电工测量仪表。电工测量仪表具有结构简单、使用方便、稳定可靠、能够远距离测量以及实现非电量测量等一系列优点，所以在生产实践和教学、科研中得到了广泛的应用。

一、电工测量仪表的分类

常用电工测量仪表的种类很多，可以按测量对象、工作原理、被测电流的种类、仪表的准确度等对常用的电工测量仪表进行分类。

1. 按测量对象分类

电工测量仪表按照测量对象可以分为电流表、电压表、功率表、电能表、相位表、频率表、电阻表等，如表 1-1 所示。

表 1-1　按测量对象分类

序　号	测量对象	仪表名称	符　号
1	电流	安培计 毫安表	Ⓐ ⓜⓐ
2	电压	伏特表 千伏计	Ⓥ ⓚⓥ
3	电功率	瓦特表 千瓦表	Ⓦ ⓚⓦ
4	电能量	千瓦时表	kWh
5	相位差	相位表	Φ
6	频率	频率计	Ⓕ
7	电阻	欧姆表 兆欧计	Ω ⓂΩ

2. 按工作原理分类

电工测量仪表按照工作原理可以分为磁电式、电磁式、电动式、感应式和整流式等，如表1-2所示。

表1-2 按工作原理分类

型 式	符 号	测量对象	电流的种类与频率
磁电式		电流 电阻、电压	直流
电磁式	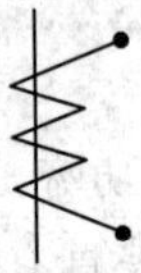	电流、电压	直流及工频交流
电动式	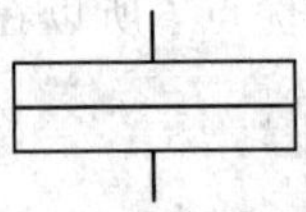	电流、电压、电功率、 功率因数、电能量	直流及工频与较高频率的 交流
感应式	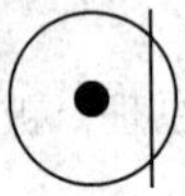	电功率、电能量	工频交流
整流式	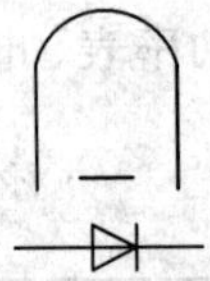	电流、电压	工频与较高频率的交流

3. 按被测电流的种类分类

电工测量仪表按照被测电流的种类可以分为直流表、交流表以及交直流两用表。

4. 按仪表的准确度分类

电工测量仪表按照仪表的准确度可以分为0.1、0.2、0.5、1.0、1.5、2.5、5.0共七个等级，仪表的准确度反映了仪表的基本误差，如表1-3所示。

表1-3 电工测量仪表的准确度和基本误差

仪表的准确度等级	0.1	0.2	0.5	1.0	1.5	2.5	5.0
基本误差/%	±0.1	±0.2	±0.5	±1.0	±1.5	±2.5	±5.0

在仪表面板上，通常都标有电流的种类、仪表的绝缘耐压强度以及放置位置等符号，具体见表1-4。

表 1-4　电工测量仪表常用符号

符　号	意　义	符　号	意　义
—	直　流	☆2	绝缘强度试验电压为 2 kV
∼	单相交流	⊥	标尺位置垂直
≃	交流和直流	⌐	标尺位置水平
3∼或≈	三相交流	∠60°	标尺位置与水平面倾斜成 60°

二、常用电工测量仪表的使用

1. 万用表的使用

万用表是一种多功能、多量程、便携式电工测量仪表，可以测量交直流电流、交直流电压、电阻、音频电平等，还可以粗略判断电容器、晶体管等元器件的电极和性能的好坏，被广泛应用于电气维修和测试中。

万用表基本上分为指针式和数字式两大类。

1）指针式万用表

（1）指针式万用表面板。

图 1.1 是一个常用的指针式万用表。在万用表表盘上，符号 A-V-Ω 表示这只万用表可以测量电流、电压和电阻。表盘上印有多条刻度线，其中右端标有"Ω"的是电阻刻度线，其右端为 0，左端为∞，刻度值分布是不均匀的。符号"—"或"DC"表示直流，"∼"或"AC"表示交流，"≃"则表示交流和直流共用的刻度线。刻度线下的几行数字是与选择开关的不同挡位相对应的刻度值。表头上还设有机械零位（指针校准）调整旋钮，用以校正指针在左端指零位。

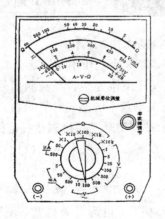

图 1.1　指针式万用表

万用表的转换开关用来选择测量项目和量程。万用表的测量项目包括直流电流"mA"、直流电压"V"、交流电压"V"、电阻"Ω"，每个测量项目又划分为几个不同的量程以供选择。

表笔分为红、黑二只。使用时应将红色表笔插入标有"＋"号的插孔，黑色表笔插入标有"－"号的插孔。

（2）指针式万用表的使用方法。

在测量电阻、电压、电流以前，应先检查指针是否在 0 刻度的位置上；如果不在，可调整表中心机械零位调整旋钮使指针指在 0 位置上。

测量电压（或电流）时要选择好量程，如果用小量程去测量大电压，则会有烧坏表的危险；如果用大量程去测量小电压，那么指针偏转太小，无法读数。量程的选择应尽量使指针偏转到满刻度的 $\frac{2}{3}$ 左右。如果事先不清楚被测电压的大小，则应先选择最高量程挡，然后逐渐减小到合适的量程。

测量前，注意转换开关的位置和量程，绝对不能将电流表并入电路，也不能在带电线路上测量电阻。测量时，应明确在哪一条标度尺上读数。

2）数字式万用表

数字式万用表的种类很多，图 1.2 是实验用 UT39A 数字万用表。

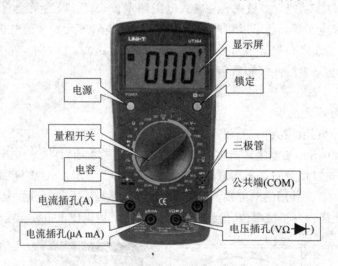

显示屏

锁定

电源

量程开关

三极管

电容

公共端(COM)

电流插孔(A)

电流插孔(μA mA)

电压插孔(VΩ▸╂)

图 1.2　UT39A 数字万用表的外形

在使用前，将电源开关（POWER）按下，若电池电压不足，就会显示电池为低电压符号，应更换新电池。测量前，应仔细核对量程开关位置是否与被测信号一致；量程的位置是否无误，以免损坏仪器。万用表插孔旁的正三角中的感叹号表示输入电压或输入电流不应超过此示值。若显示器只显示"1"，则表示被测信号已超过该量程范围，这时应选择更高的量程；如果在数值左边出现"—"，则表明表笔极性与实际电源极性相反，此时红表笔接的是负极。

（1）交、直流电压的测量：量程开关拨于"V～"或"$\overline{\overline{V}}$"范围内某一合适量程挡上，红表笔插入"VΩ▸╂"插孔，黑表笔插入"COM"插孔，电源开关打开，表笔与被测电路并联，这时显示器将显示此电压的大小。若是直流电压，还会显示出红表笔端的极性。

（2）交、直流电流的测量：量程开关拨于"A～"或"$\overline{\overline{A}}$"范围内某一合适量程挡上，红表笔插入"A"或"μAmA"插孔，黑表笔插入"COM"插孔，电源开关打开，万用表串接于被测电路中，这时显示器显示此电流的大小。若是直流电流，还会显示出红表笔端的极性。

（3）电阻的测量：量程开关拨于"Ω"范围内某一合适量程挡上，红表笔插入"VΩ▸╂"插孔，黑表笔插入"COM"插孔，电源开关打开，表笔与被测电阻并联，这时显示器将显示被测电阻的值。严禁在电路带电的情况下测量电阻。

（4）二极管的测试：先将红表笔插入"VΩ→卜"插孔，黑表笔插入"COM"插孔，然后将功能开关置于二极管挡，将两表笔连接到被测二极管两端，这时显示器将显示二极管的正向压降的 mV 值。当二极管加反向电压时，显示器显示过载指示。

（5）检测线路通断：量程开关拨于"蜂鸣器"位置上，红表笔插入"VΩ→卜"插孔，黑表笔插入"COM"插孔，电源开关打开，两表笔分别与被测导体两端相连。若其电阻值低于30 Ω，蜂鸣器发声，则表示线路导通；若蜂鸣器不发声且显示"1"，则表示线路断开。

2. 钳形电流表的使用

在用普通电流表测量电流时，必须先将被测电路断开，再将电流表串入被测电路中，才能进行测量，现场操作不方便。使用钳形电流表可以在不断开电路的情况下直接测量电流，使用非常方便。

钳形电流表结构与外形如图 1.3 所示，这种电流表由穿心式电流互感器和电磁式电流表组成。当握紧钳形电流表的扳手时，电流互感器的铁心张开，导线可以直接穿过铁心；放开扳手时，铁心闭合，则导线构成电流互感器的一次绕组。在二次绕组中串接有电流表，因此被测电流在二次绕组中产生感应电流，使二次绕组中电流表的指针发生偏转，从而在表盘上显示出被测电流值。

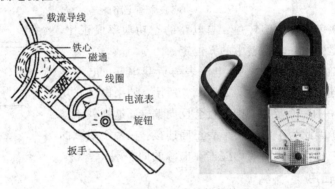

图 1.3　钳形电流表结构与外形

3. 功率表的使用

功率表又称瓦特表，是测量电气设备电功率的指示仪表。常用功率表分为指针式功率表和数字式功率表，如图 1.4 所示。

指针式功率表

数字式功率表

图 1.4　功率表

指针式功率表是电动式仪表，具有两组线圈，如图 1.5 所示。将匝数少、导线粗的固定线圈与负载串联，从而使通过固定线圈的电流 i_1 等于负载电流 i，因而固定线圈又叫做电流线圈；将匝数多、导线细的可动线圈串联附加电阻后与负载并联，从而使加在该支路两端的电压等于负载两端的电压，所以可动线圈又叫做电压线圈。由于附加电阻的阻值很高，它的感抗与电阻相比可以忽略不计，所以可以认为其中电流 i_2 与两端的电压 u 同相。负载电流 i_1 的有效值为 I，i_2 与负载电压的有效值 U 成正比，φ 为负载电流与电压之间的相位差，而 $\cos\varphi$ 即为电路的功率因数。因此偏转角为

$$\alpha = kUI\cos\varphi = kP$$

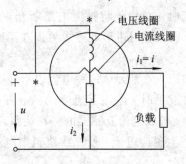

图 1.5　功率表原理电路图

可见，电动式功率表指针的偏转角 α 与电路的有功功率成正比，其中 k 为比例系数，同一功率表中的 k 恒定。

功率表的电流线圈相当于一个电流表与负载串联，电压线圈相当于一个电压表与负载并联，如图 1.6 所示。如果电动式功率表的两个线圈中的一个反接，指针就会反向偏转，这样就不能读出功率的数值。因此为了保证功率表正确连接，在两个线圈的始端标以"＋"或"＊"号，这两端均应连在电源的同一端。

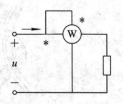

图 1.6　功率表接线图

4. 兆欧表的使用

兆欧表又称摇表，是用来测量电器设备及电路绝缘电阻的仪表。由于绝缘电阻的阻值很大，因此仪表标尺分度用"兆欧"作单位，故而称为兆欧表。兆欧表如图 1.7 所示，它主要由手摇发电机、磁电式测量机构组成。

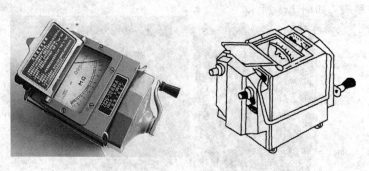

图 1.7　兆欧表

兆欧表使用中需注意以下几个方面：使用前，要对兆欧表进行开路和短路的测试，检

查仪表是否完好。测量开始时,摇动发电机的手柄速度要慢,防止被测绝缘电阻被击穿而损坏发电机。测量时,手柄的转速要控制在 120 r/min 左右且保持匀速,允许有 ±20% 的变化,但不得超过 25%。测量中,若发现指针归零,则说明被测绝缘电阻出现短路现象,应立即停止摇动手柄。兆欧表未停止转动前,切勿用手触及设备的测量部分或摇表接线桩。测量完毕,应对设备充分放电,避免触电事故。

三、DGJ–2 型电工技术实验装置简介

DGJ–2 型电工技术实验装置主面板如图 1.8 所示。

图 1.8　电工技术实验装置主面板

1. 主控功能板

主控功能板主要提供实验用的交流电源、直流电源等,如图 1.9 所示。

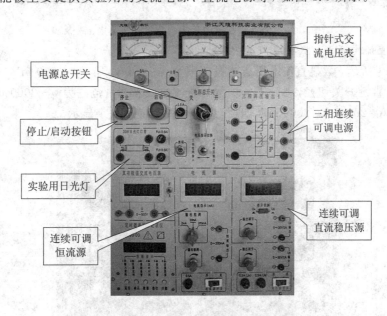

图 1.9　主控功能板

(1) 提供三相 0～450 V 及单相 0～250 V 连续可调交流电源,可调交流电源输出端设

有过流和短路保护，克服了更换保险丝所带来的麻烦。配有三只指针式交流电压表，通过切换开关可分别指示三相电网输入电压和三相调压输出电压。

（2）提供 0～200 mA 连续可调恒流源，分 2 mA、20 mA、200 mA 三挡，从 0 mA 起调，调节精度为 0.1％，配有数字式直流毫安表指示输出电流，并配有输出开路、短路保护功能。

（3）提供 0～30 V 连续可调直流稳压源两个（通过按钮来选择），配有数字式直流电压表指示输出电压，并配有输出开路、短路保护功能。

（4）设有实验台照明用日光灯一盏，还设有实验用 30 W 的日光灯灯管一只。

2. 仪表功能板

1）指针式交流电压表、指针式交流电流表

如图 1.10 所示，交流电压表测量范围为 0～500 V，量程分 10 V、30 V、100 V、300 V、500 V 五挡，直键开关切换，指针显示，每挡均有超量程告警指示。交流电流表测量范围为 0～5 A，量程分 0.3 A、1 A、3 A、5 A 四挡，直键开关切换，指针显示，每挡均有超量程告警指示。

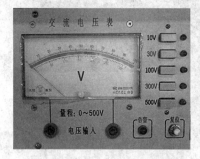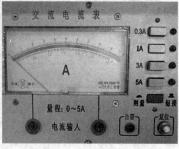

图 1.10　指针式交流电压表与指针式交流电流表

2）数显直流电压表、数显直流毫安表

如图 1.11 所示，数显直流电压表测量范围为 0～200 V，量程分 200 mV、2 V、20 V、200 V 四挡，直键开关切换，数字显示。数显直流毫安表测量范围为 0～2000 mA，量程分 2 mA、20 mA、200 mA、2000 mA 四挡，直键开关切换，数字显示。

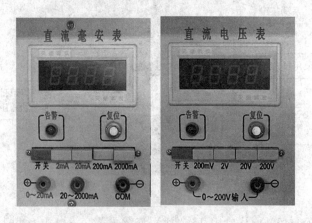

图 1.11　数显直流电压表与数显直流毫安表

3）数显交流毫伏表

数显交流毫伏表能够对交流电压有效值进行精确测量，如图 1.12 所示，电压测试范围为 0～600 V（有效值），量程分 200 mV、2 V、20 V、200 V、600 V 五挡，直键开关切换，数字显示，每挡均有超量程告警指示。

4）数显功率表

如图 1.13 所示，数显功率表的电流测量范围为 0～5 A，电压测量范围为 0～450 V，数字显示。

 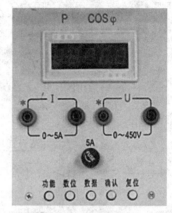

图 1.12　数显交流毫伏表　　　　　　　　　　　图 1.13　数显功率表

5）数控智能函数信号发生器

如图 1.14 所示，数控智能函数信号发生器可输出正弦波、三角波、锯齿波、矩形波、四脉方列和八脉方列等六种信号波形。通过面板上键盘的简单操作，可连续调节输出信号的频率并显示频率值、占空比及内部基准幅值。

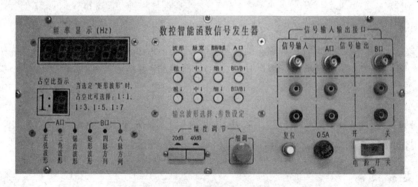

图 1.14　数控智能函数信号发生器

3. 实验挂箱

DGJ-2 型电工技术实验装置配有四个实验挂箱，分别为 DGJ-03 电路基础实验挂箱、DGJ-04 交流电路实验挂箱、DGJ-05 元器件挂箱以及 D61-2 继电接触控制挂箱，如图 1.15 所示。各实验器件齐全，实验单元隔离分明，实验线路完整清晰，在需要测量电流的支路上均设有电流插座，能够满足本书所给实验的教学要求。

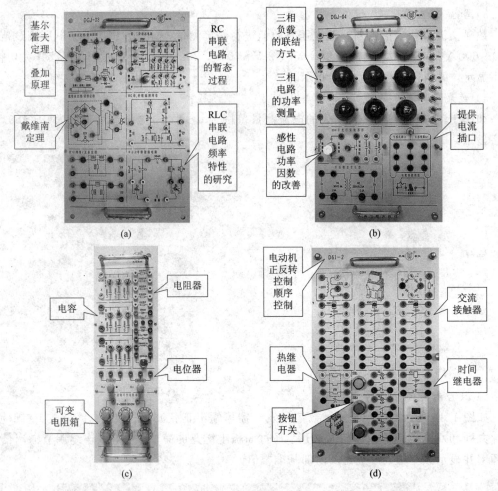

图 1.15 常用实验挂箱

（a）DGJ－03 电路基础实验挂箱；（b）DGJ－04 交通电路实验挂箱；

（c）DGJ－05 元器件挂箱；（d）D61－2 继电接触控制挂箱

四、实验内容

（1）用直流稳压源调节 24 V 电压，并用直流电压表测量。

（2）用恒流源调节 10 mA 电流，并用直流毫安表测量。

五、预习思考题

（1）根据仪表测量的准确度，请指出电工仪表有哪几个等级。

（2）使用电压表、电流表测量交、直流电压、电流时各应注意哪些问题？

第二节 基尔霍夫定律及电位的测定

一、实验目的

（1）验证基尔霍夫定律，加深对基尔霍夫定律的理解。

（2）理解电路中电位的相对性、电压的绝对性。

二、实验设备

（1）DGJ - 2 型电工技术实验装置。

（2）DGJ - 03 电路基础实验挂箱（见图 1.15(a)）。

常用的实验挂箱如图 1.15 所示。

三、实验电路

基尔霍夫定律及电位实验电路图如图 1.16 所示。

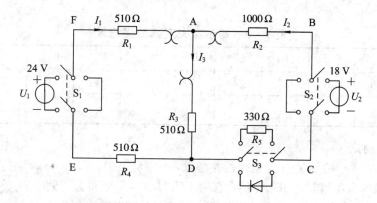

图 1.16　基尔霍夫定律及电位实验电路图

四、实验原理

基尔霍夫定律是电路理论中最基本也是最重要的定律之一，它概括了电路中电流和电压分别遵循的基本规律。内容包括基尔霍夫电流定律（KCL）和基尔霍夫电压定律（KVL）。使用定律前，先假定各支路电流的正方向，并标于图 1.16 中。

1. 基尔霍夫电流定律

电路中任意时刻，流向某一结点的各支路电流的代数和等于 0，即 $\sum I = 0$。以图 1.16 为例，对于结点 A，有 $I_1 + I_2 - I_3 = 0$。

2. 基尔霍夫电压定律

电路中任意时刻，沿闭合回路绕行一周，则电压的代数和等于零，即 $\sum U = 0$。以图 1.16 为例，在外侧回路中有 $I_1 R_1 - I_2 R_2 + U_2 - I_2 R_5 + I_1 R_4 - U_1 = 0$。

3. 电位与电压

计算电位时，必须选定电路中的某一点作为参考零电位，则电路中任意一点的电位就是该点与参考点间的电压。参考零电位选择的不同，各点的电位也不相同。

电压就是电路中两点间的电位差。任意两点间的电压不随参考零电位的选择不同而不同。

五、实验内容

（1）按图 1.16 所示接线，分别令两路直流稳压源 $U_1 = 24$ V，$U_2 = 18$ V，用直流数字电压表测量无误后接入电路中。

（2）实验前，应先设定三条支路电流的正方向。在图 1.16 中，三条支路的电流 I_1、I_2、I_3 的正方向已设定好。

（3）熟悉电流插头的结构，将电流插头的两端接至直流数字电流表的"＋、－"两端，如图 1.17 所示。沿图示各电流的正方向将电流插头分别插入三条支路的三个电流插座中，读出并记录各支路电流值于表 1-5 中。

（4）验证基尔霍夫电压定律。假定下标顺序按电位降低的方向规定，用直流数字电压表分别测量各段电路两端的电压值，并记录于表 1-5 中。

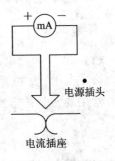

图 1.17 电流插头使用示意图

表 1-5 基尔霍夫定律数据记录

被测量	I_1	I_2	I_3	U_1	U_2	U_{FA}	U_{AB}	U_{AD}	U_{CD}	U_{DE}
单 位	mA	mA	mA	V	V	V	V	V	V	V
测量值										

（5）电位测量。

① 以图 1.16 中的 A 点作为电位的参考点，分别测量 B、C、D、E、F 各点的电位值及相邻两点之间的电压值 U_{AB}、U_{BC}、U_{CD}、U_{DE}、U_{EF} 及 U_{FA}，测得数据列于表 1-6 中。

② 以 D 点作为参考点，重复实验内容①的测量，测得数据列于表 1-6 中。

表 1-6 电位测量数据记录

参考点	电 位/V						电 压/V					
	V_A	V_B	V_C	V_D	V_E	V_F	U_{AB}	U_{BC}	U_{CD}	U_{DE}	U_{EF}	U_{FA}
A												
D												

六、预习思考题

（1）简述基尔霍夫电压和电流定理。

（2）电压和电位有什么区别。

注：（1）防止稳压电源两个输出端相碰短路。

（2）测量电位时，数字直流电压表的负表棒（黑色）接参考电位点，用正表棒（红色）依次接被测各点。

第三节　叠加原理及戴维南定理

一、实验目的

（1）验证线性电路叠加原理，理解戴维南定理的等效性。

（2）学习二端有源线性网络内阻的测量方法。

二、实验设备

（1）DGJ-2 型电工技术实验装置。

（2）DGJ-03 电路基础实验挂箱（见图 1.15(a)）。

三、实验电路

叠加原理实验电路图如图 1.18 所示，戴维南定理等效电路实验图如图 1.19 所示。

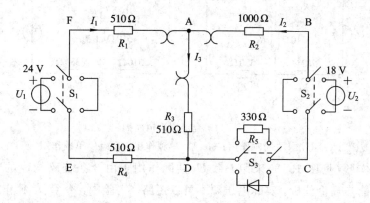

图 1.18 叠加原理实验电路图

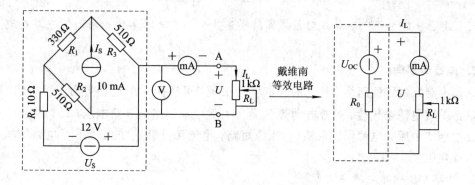

图 1.19 戴维南定理等效电路

四、实验原理

1. 叠加原理

在线性电路中，当几个电源共同作用时，任一支路中的电流（或电压）都可以认为是各个电源单独作用时在该支路中所产生电流（或电压）的代数和。所谓各个电源单独作用，就是假设其他电源作用取消（电压源短路，电流源开路）、内阻保留、电路结构不变。如图 1.20 所示，按照图示参考方向，有如下关系：

$$I_1 = I'_1 + I''_1; \quad I_2 = I'_2 + I''_2; \quad I_3 = I'_3 + I''_3$$

其中：I_1、I_2、I_3 为 U_1、U_2 共同作用时各支路的电流；I'_1、I'_2、I'_3 为 U_1 单独作用时各支路的电流；I''_1、I''_2、I''_3 为 U_2 单独作用时各支路的电流。

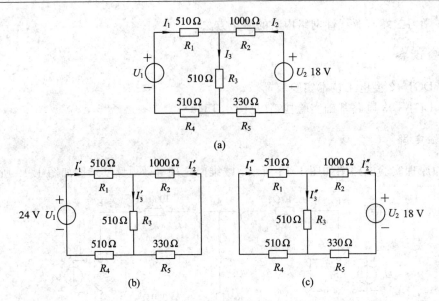

图 1.20　叠加原理电路图

(a) U_1、U_2 同时作用；(b) U_1 单独作用；(c) U_2 单独作用

叠加原理实验（见图 1.18）采用 U_1、U_2 共同作用于由 3 条支路构成的电路。上述电源处理方法只能是理论分析，实际电压源不可以短路。实验中，令 U_1 单独作用时，将开关 S_1 投向 U_1 侧，开关 S_2 投向短路侧；U_2 单独作用时，将开关 S_2 投向 U_2 侧，开关 S_1 投向短路侧。

注：由于分析过程中参考方向始终保持不变，因此各电源单独作用时的支路电流可能出现负号。

2. 戴维南定理

任何有源二端线性网络，就它的外部特性来说，可以用一个电动势为 E_0 和内阻为 R_0 相串联的等效电源来代替。等效电动势 E_0 等于有源二端网络的开路电压 U_{OC}，内阻 R_0 等于有源二端网络中所有电源作用取消（电压源短路，电流源开路）、内阻保留、电路结构不变时的入端电阻。

1) 开路电压短路电流法测 R_0

在有源二端网络输出端开路时，测量输出端的开路电压 U_{OC}，即等效电动势 E_0，然后再将其输出端短路，测量其短路电流 I_{SC}，则等效内阻可按下式计算：

$$R_0 = \frac{U_{OC}}{I_{SC}}$$

当二端网络的内阻很小时，若将其输出端口短路，短路电流会很大，极容易损坏其内部元件，因而不宜采用这种方法。

2) 伏安法测 R_0

用电压表、电流表测出二端网络的外特性曲线，如图 1.21 所示。根据外特性曲线求出斜率 $\tan\varphi$，则等效内阻可按下式计算：

$$R_0 = \tan\varphi = \frac{\Delta U}{\Delta I}$$

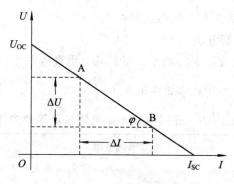

图 1.21 外特性曲线

3）二次电压法测 R_0

在有源二端网络输出端开路时，测量输出端的开路电压 U_{OC}，即等效电动势 E_0，然后二端网络改接负载 R_L，测量负载电压 U_L，则有：

$$U_L = \frac{R_L U_{OC}}{R_0 + R_L}$$

等效内阻可按下式计算：

$$R_0 = R_L \left(\frac{U_{OC}}{U_L} - 1 \right)$$

五、实验内容

1. 验证叠加原理

（1）按图 1.18 电路接线，电源采用两路可调直流稳压电源，用直流电压表测量，使 U_1 为 +24 V，U_2 为 +18 V。按以下三种情况进行实验：U_1 与 U_2 共同作用；U_1 单独作用，U_2 不作用；U_2 单独作用，U_1 不作用。开关 S_3 始终投向 R_5 侧。

（2）U_1 与 U_2 共同作用：将开关 S_1 投向 U_1 侧，开关 S_2 投向 U_2 侧，用直流电流表测量各支路电流，测得的数据记入表 1-7 的第一栏中。注意电流从表的正端流入时，显示正值。

表 1-7　叠加原理数据记录

$U_1 = 24$ V、$U_2 = 18$ V			$U_1 = 24$ V、$U_2 = 0$			$U_1 = 0$、$U_2 = 18$ V		
I_1	I_2	I_3	I_1'	I_2'	I_3'	I_1''	I_2''	I_3''

（3）U_1 单独作用，U_2 不作用：将开关 S_1 投向 U_1 侧，开关 S_2 投向短路侧，用直流电流表测量各支路电流，测得的数据记入表 1-7 的第二栏中。

（4）U_2 单独作用，U_1 不作用：将开关 S_1 投向短路侧，开关 S_2 投向 U_2 侧，用直流电流表测量各支路电流，测得的数据记入表 1-7 的第三栏中。

2. 验证戴维南定理

（1）按图 1.19 接线。U_S 为直流稳压电源，调节其输出为 +12 V；I_S 为恒流源，调节其输出为 10 mA。

（2）等效电动势 E_0 的测量方法。负载电阻 R_L 开路，用直流电压表测量 A、B 之间的开

路电压 U_{OC}，即为等效电动势 E_0，数据记录在表 1-8 中。

（3）等效内阻 R_0 的求解方法。

① 开路电压短路电流法测 R_0。将输出端短路，用直流电流表测量短路电流 I_{SC}，测得的数据记录在表 1-8 中，并计算等效内阻 $R_0 = \dfrac{U_{OC}}{I_{SC}}$。

表 1-8 开路电压短路电流法测等效内阻

测量开路电压 U_{OC}	测量短路电流 I_{SC}	计算内阻 R_0

② 伏安法测 R_0。接入负载 R_L，按表 1-9 所示改变负载 R_L 的值，将测得的数据记入表 1-9 中，通过绘图求出等效内阻 $R_0 = \tan\phi = \dfrac{\Delta U}{\Delta I}$。

表 1-9 伏安法测等效内阻

R_L/Ω	40	60	80	100	120	140	160	180	计算内阻 R_0
U_L/V									
I_L/mA									

③ 二次电压法测 R_0。将输出端接 200 Ω 负载，用直流电压表测量负载电压 U_L，测得的数据记录在表 1-10 中，并计算等效内阻 $R_0 = R_L\left(\dfrac{U_{OC}}{U_L} - 1\right)$。

表 1-10 二次电压法测等效内阻

测量开路电压 U_{OC}	测量负载电压 U_L	计算内阻 R_0

（4）戴维南定理的验证。输出端 A、B 接 1 kΩ 负载电阻 R_L，用直流电流表测量负载电流 I_L，测得的数据记入表 1-11 的第三栏中，并计算表 1-11 中第四栏的数据。负载电阻 R_L 均为 1 kΩ 条件下，比较 I_L 与 I_L'，验证戴维南定理。

表 1-11 验证戴维南定理

开路电压 U_{OC}	等效内阻 R_0	测量负载电流 I_L	计算负载电流 I_L'

六、预习思考题

（1）如何使用电压源和电流源？

（2）各电阻器所消耗的功率能否用叠加原理计算得出？

（3）若将一个电阻改为二极管，叠加原理的叠加性还成立吗？为什么？

注：（1）电压源置零时不可将电压源短接，而应使用开关 S_1 或 S_2 进行切换。

（2）注意恒流源不要开路。

第四节　受控源 VCCS、CCVS 的实验研究

一、实验目的

（1）掌握受控源的转移特性、负载特性的测量方法。
（2）研究受控源的应用特性。

二、实验设备

DGJ－2 型电工技术试验装置

三、实验电路

受控源 VCCS、CCVS 实验电路图如图 1.22 所示。

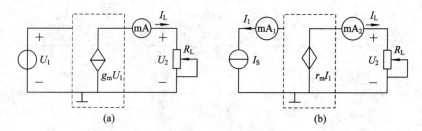

图 1.22　受控源实验电路图
（a）电压控制电流源 VCCS；（b）电流控制电压源 CCVS

四、实验原理

1. 独立电源与受控电源

独立电源是指电压源的电压或电流源的电流不受外电路的控制而独立存在。

受控电源是指电压源的电压和电流源的电流受电路中其他部分的电流或电压的控制。受控源是双口元件：一个为控制端口，也称输入端口，输入控制量（电压或电流）；另一个为受控端口，也称输出端口，向外电路提供电压或电流。当控制的电压或电流等于零时，受控电源的电压或电流也将为零。当控制的电压或电流改变方向时，受控电源的电压或电流也改变方向。

2. 受控电源的转移函数

根据受控电源控制量和被受控量的不同，受控源可分为电压控制电压源（VCVS）、电压控制电流源（VCCS）、电流控制电压源（CCVS）、电流控制电流源（CCCS）四种类型，如图 1.23 所示。

受控源的控制端与受控端的关系称为转移函数，四种受控源转移函数参量的定义如下：

（1）电压控制电压源（VCVS）：

$$u_2 = f(u_1)$$

$\mu = u_2/u_1$ 称为转移电压比（或电压增益）

（2）电压控制电流源（VCCS）：

$$i_2 = f(u_1)$$

$g = i_2/u_1$ 称为转移电导

（3）电流控制电压源（CCVS）：

$$u_2 = f(i_1)$$

$r = u_2/i_1$ 称为转移电阻

（4）电流控制电流源（CCCS）：

$$i_2 = f(i_1)$$

$\beta = i_2/i_1$ 称为转移电流比（或电流增益）

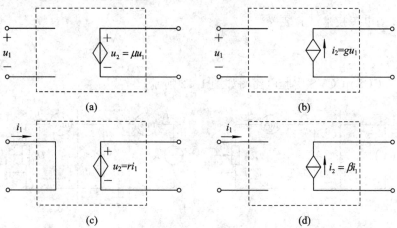

图 1.23   四种类型受控源的电路符号

五、实验内容

（1）测量受控源为电压控制电流源 VCCS 的转移特性 $I_L = f(U_1)$ 及负载特性 $I_L = f(U_2)$，实验线路如图 1.23(a) 所示。

① 固定 $R_L = 2\ \text{k}\Omega$，调节稳压电源的输出电压 U_1，测出相应的 I_L 值，并记入表 1-12 中。绘制 $I_L = f(U_1)$ 曲线，并由其线性部分求出转移电导 g_m。

表 1-12   VCCS 数据记录表 1

U_1/V	0.1	0.5	1.0	1.5	2.0	2.5	3.0	3.5	g_m
I_L/mA									

② 保持 $U_1 = 2\ \text{V}$，令 R_L 从大到小变化，测出相应的 I_L 及 U_2 值，并记入表 1-13 中。绘制 $I_L = f(U_2)$ 曲线。

表 1-13   VCCS 数据记录表 2

$R_L/\text{k}\Omega$	50	20	10	8	7	6	5	4	2	1
I_L/mA										
U_2/V										

（2）测量受控源为电流控制电压源 CCVS 的转移特性 $U_2 = f(I_1)$ 与负载特性 $U_2 = f(I_L)$，实验线路如图 1.22(b)所示。

① 固定 $R_L = 2\ \text{k}\Omega$，调节恒流源的输出电流 I_1，按下表所列 I_1 值，测出 U_2 值，并记入表 1−14 中。绘制 $U_2 = f(I_1)$ 曲线，并由其线性部分求出转移电阻 r_m。

表 1−14　CCVS 数据记录表 1

I_1/mA	0.1	1.0	3.0	5.0	7.0	8.0	9.0	9.5	g_m
U_2/V									

② $I_S = 2\ \text{mA}$，按下表所列 R_L 值，测出 U_2 及 I_L 值，并记入表 1−15 中。绘制负载特性曲线 $U_2 = f(I_L)$。

表 1−15　CCVS 数据记录表 2

$R_L/\text{k}\Omega$	0.5	1	2	4	6	8	10
U_2/V							
I_L/mA							

六、预习思考题

（1）受控源和独立源相比有何异同点？

（2）受控源有哪几种，理解转移函数和转移参量的意义。

第五节　感性电路功率因数的改善

一、实验目的

（1）掌握正弦交流电路参量的主要特性。

（2）认识提高功率因数的意义，掌握功率因数改善的措施。

二、实验设备

（1）DGJ−2 型电工技术实验装置。

（2）DGJ−04 交流电路实验挂箱（见图 1.15(b)）。

三、实验电路

感性电路实验电路如图 1.24 所示。

四、实验原理

交流电路的有功功率 $P = UI\cos\phi$，其中 $\cos\phi$ 是功率因数，ϕ 是电压与电流的相位差角。当负载端电

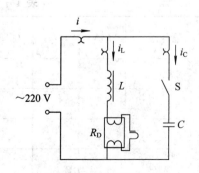

图 1.24　感性电路实验电路

压 U 和消耗的功率 P 为定值时，$\cos\phi$ 越大，在电路中的电流 $\left(I=\dfrac{P}{U\cos\phi}\right)$ 越小，从而减少了输电线路的电能损耗，同时增加了发电设备的利用率，因此提高功率因数是节约能源和提高发电设备利用率的重大措施。

电力负载大多数为感性负载，其功率因数均低于 1。如何提高功率因数又不改变负载的工作电压，通常采用的方法是给感性负载两端并联合适的电容，用电容的无功功率来补偿感性负载的无功功率，如图 1.25 所示。由相量图 1.26 可见，整个电路的功率因数从 $\cos\phi_1$ 提高到了 $\cos\phi_2$，总电流从 I_L 减小到了 I，但负载的电流并没有变化，负载的功率因数没有变化，电路总有功功率在并联电容前后没有发生变化。这种利用容性无功功率抵消部分感性无功功率以提高功率因数的方法称为无功补偿。

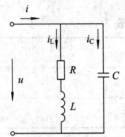

图 1.25　感性负载并联电容器

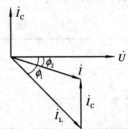

图 1.26　电路并联电容后的相量图

五、实验内容

(1) 荧光灯安装。实验中荧光灯为 220 V、30 W，按图 1.24 接好线路。电容选用电阻箱上的电容，通过开关控制电容的接入。检查接线无误后方可通电。

各电流测量点要串入一只插孔，三个电流需三只插孔。电流插头与一个电流表相接，当需要测量某一支路电流时，可用电流插头插入对应位置的电流插座，电流就流经电流表而测得所需支路电流。

(2) 电压、电流、功率测量。采用交流电压表、电流表、功率表逐点进行测量，测得数据记入表 1-16 中。

① 不接入电容时，测量感性负载支路和总电路的各电流、电压和功率。

② 分别接入电容 $C=2.2\ \mu F$、$C=4.7\ \mu F$ 和 $C=6.9\ \mu F$，测量感性负载支路和总电路的各电流、电压及功率。

表 1-16　感性电路数据记录表

电容器	I/A	I_C/A	I_L/A	U/V	U_R/V	U_L/V	P/W	计算 $\cos\varphi=\dfrac{P}{UI}$
无 C								
$C=2.2\ \mu F$								
$C=4.7\ \mu F$								
$C=6.9\ \mu F$								

（3）分析以上数据，选出合适的电容，可以使日光灯的功率因数得到显著提高。

六、预习思考题

（1）并联电容前后，以上所测各数据是否发生变化并解释原因。

（2）为什么采用并联电容的方法提高感性负载的功率因数？

注： ① 本实验采用交流电压为 220 V。实验时要注意人身安全，不可触及导电部件，防止意外事故发生。

② 功率表要正确接入电路。功率表电流及电压端子上标有符号 ∗ 端是同名端，即为电流及电压两个线圈的始端，接线时应连接在电源的同一端。

附录　荧光灯工作原理

荧光灯又称日光灯，是目前广泛使用的一种电光源。荧光灯电路由灯管、镇流器、启辉器三个主要部件组成，如图 1.27 所示。

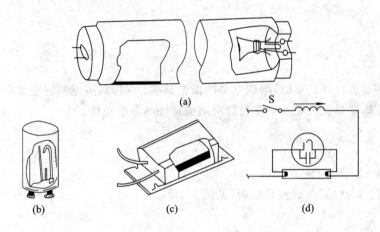

图 1.27　荧光灯组成

(a) 灯管；(b) 启辉器；(c) 镇流器；(d) 接线图

（1）装配好的灯管是在玻璃灯管的两端各装有钨丝电极，电极与两根引入线焊接，并固定在玻璃柱上，引入线与玻璃灯管的两个灯脚连接而成的。灯管内壁均匀地涂了一层荧光粉，管内抽成真空并充入少量汞和惰性气体氩，如图 1.27(a) 所示。

（2）启辉器是在一个充有氖气的玻璃泡中装有固定的静触片和双金属片制成的 U 形动触片，如图 1.27(b) 所示。由图 1.27(d) 可知它在电路中与灯管并联。

（3）镇流器是一个具有铁心的线圈，如图 1.27(c) 所示，自感系数较大。由图 1.27(d) 可知它在电路中与灯管串联。

荧光灯电路的工作过程如下：

当接通电源后，电源电压加在启辉器的动触片和静触片之间，由于电极间的间隙小，使灯管内氖气产生辉光放电，其热量使双金属片变形，并与静触片接通，从而使灯管灯丝通过电流而被加热，发射出大量电子。

由于启辉器的动、静触片接通，辉光放电消失，双金属片冷却后恢复原状，使动、静触片断开，电路的电流被迅速切断，镇流器的线圈中瞬间产生一个自感电势，与电源电压叠加，形成一个高电压(500 V)加在灯管的两端。

因灯管内存在大量电子，在高电压作用下，击穿气体，随后在较低电压作用下维持放电状态而形成电流通路，这时，镇流器由于本身的阻抗，产生较大的电压降，使灯管两端维持较低的工作电压(80 V)，限制通过灯管的电流。

当灯管两极放电时，管内汞原子受到电子的碰撞，激发产生紫外线，辐射到灯管内壁的荧光粉上，发出近乎白色的可见光。

灯管导通后，其模型为一电阻，而镇流器为一带铁心的电感线圈，属于 RL 串联电路。灯管导通后，启辉器失去作用。

荧光灯电路为感性负载，其功率因数一般在 0.3～0.4 之间，在本实验中，利用荧光灯电路来模拟实际的感性负载并观察交流电路的各种现象。

第六节　RLC 串联电路频率特性的研究

一、实验目的

(1) 用实验方法测定 RLC 串联电路的谐振频率，加深理解电路发生串联谐振的条件。

(2) 研究串联谐振现象及电路参数对谐振特性的影响规律。

二、实验设备

(1) DGJ - 2 型电工技术试验装置。

(2) DGJ - 03 电路基础实验挂箱(见图 1.15(a))。

三、实验电路

RLC 串联电路频率特性研究实验电路如图 1.28 所示。

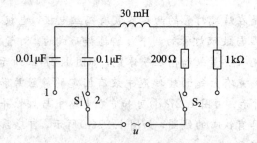

图 1.28　频率特性研究实验电路图

四、实验原理

在 RLC 串联电路(见图 1.29)中，电路的性质、电路中的电流及元件上的电压与电源的频率有关。若调节电路的参数或电源的频率，使电路两端的电压与其中的电流达到同相，则称电路发生了谐振。若在串联电路中发生谐振，称之为串联谐振。

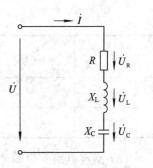

图 1.29　RLC 串联谐振电路图

当电压、电流达到同相时，根据电路可以得出谐振的条件：$X_L = X_C$（即 $\omega L = \dfrac{1}{\omega C}$），即当电源频率为

$$\omega_0 L = \frac{1}{\omega_0 C}$$

$$\omega_0 = \frac{1}{\sqrt{LC}}$$

或写成

$$f_0 = \frac{1}{2\pi \sqrt{LC}}$$

时，电路发生谐振。上式说明由电感 L 和电容 C 组成的电路具有一定的固有频率 f_0（或固有角频率 ω_0）。当外加电源的频率与电路的固有频率相同时，便发生谐振现象。

由串联谐振的条件可得到串联谐振的特征：

（1）当 $f_0 = \dfrac{1}{2\pi \sqrt{LC}}$ 时，$X_L = X_C$，电路呈纯阻性（$|Z| = \sqrt{R^2 + (X_L - X_C)^2} = R$），电路阻抗的模为最小。

（2）谐振时，电路的阻抗模达到最小，电路中的电流 I_0 最大，同时 R 上的电压降达到最大值。对 RLC 参数固定的串联电路只有一个谐振频率 f_0，当电路的 $f < f_0$ 时，U_R 是单调上升的，在 $f > f_0$ 时，U_R 是单调下降的，本实验正是利用这一特点来找出谐振频率 f_0 的。

（3）电路中，若有 $X_L = X_C > R$，则 U_L 和 U_C 都高于电源电压。因此在实验中，测量 U_L 和 U_C 时，毫伏表的量程应调大一些。谐振时，电容（或电感）上的电压有效值和电源电压有效值的比称为电路的品质因数，记作 Q。谐振电路的性能常用电路的品质因数 Q 表示。

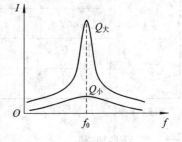

图 1.30　串联谐振曲线

回路中的电流与电源角频率的关系图形为串联谐振曲线。如图 1.30 所示，不同的 Q 值，谐振曲线不同，Q 值越大，曲线越尖锐，频率选择越好。通常用通频带定量地描述电路频率选择性的好坏，它的大小规定为：$0.707 I_0$ 对应的频率 f_2 与 f_1 之差。

五、实验内容

（1）按图 1.28 接好测量电路。图中 R 值由表 1-17 给出，$C = 0.1\ \mu\text{F}$，$L = 30\ \text{mH}$。

（2）寻找谐振频率 f_0。函数信号发生器电压 $U = 1\ \text{V}$，并保持整个测量过程中不变。调节信号发生器的频率，同时注意观察毫伏表的读数，当读数达到最大值时，电路谐振，读出这时的频率 f，即为谐振频率 f_0。通过毫伏表测量电阻 R 上的电压 U_{R0}、电感 L 上的电压 U_{L0}、电容 C 上的电压 U_{C0}，并将测量的数据记入表 1-17 中。Q 值为计算值。

测量时，毫伏表量程可先取 1 V。

表 1 - 17　谐振点数据记录

R	f_0/kHz	U_{R0}/V	U_{L0}/V	U_{C0}/V	$Q=\dfrac{U_{L0}}{U}=\dfrac{U_{C0}}{U}$
200 Ω					
1 kΩ					

（3）测定电路的串联谐振曲线。改变信号发生器的频率，以谐振频率 f_0（表 1 - 18 第 6 栏）为中心，分别向两侧依次间隔 100 Hz 或 200 Hz 作为测量频率点，（可增加表栏）直至测出与 $U_R=70\%U_{R0}$ 时对应的频率 f_1 及 f_2。记录各次测量时的频率 f 及电阻 R 上的电压 U_R、电容 C 上的电压 U_C、电感 L 上的电压 U_L 于表 1 - 18 中，计算 I 值。

表 1 - 18　谐振曲线数据记录

200 Ω	f/kHz											
	U_R/V											
	I/mA											
	U_C/V											
	U_L/V											
1 kΩ	f/kHz											
	U_R/V											
	I/mA											
	U_C/V											
	U_L/V											

注：$I=U_R/R=U_L/X_L=U_C/X_C$。

六、预习思考题

（1）RLC 串联电路发生谐振的条件以及谐振时的特征是什么？

（2）品质因数 Q 有哪些物理意义？有何应用价值？

注：（1）每次变换电阻、变换频率后，应调整信号源输出幅值，使其维持在 1 V。

（2）在靠近谐振频率附近的频率测试点的频率间隔应取小一些。

第七节　三相负载的连接方式

一、实验目的

（1）掌握三相负载的正确连接方法及对称负载的线、相电压，线、相电流之间的关系。

（2）研究星形连接不对称负载时中性点的特性及中线的作用。

二、实验设备

（1）DGJ-2 型电工技术实验装置。

（2）DGJ-04 交流电路实验挂箱（图 1.15（b））。

三、实验电路

三相负载的两种连接方式如图 1.31 所示。

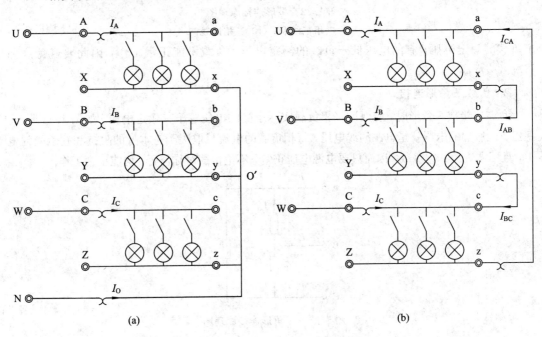

图 1.31　三相负载的两种连接方式

（a）负载星形连接接线图；（b）负载三角连接接线图

四、实验原理

当电源用三相四线制向负载供电时，必须考虑负载的连接。三相负载可接成星形（又称 Y 形）或三角形（又称△形）。

1. 负载星形连接

负载星形连接有两种形式，三相四线制（即有中线）和三相三线制（即无中线），如图 1.32 所示。在三相四线制中，由于有中线，无论负载对称与否，都可保证负载工作于额定电压。当负载对称时，中线的电流为零（$\dot{I}_A + \dot{I}_B + \dot{I}_C = 0$）；当负载不对称时，中线上一定有电流（$\dot{I}_A + \dot{I}_B + \dot{I}_C = \dot{I}_N$）。负载不对称现象是大量的，因此为保证负载工作于额定电压，中线是不能断开的。

在三相三线制中，当负载对称时，电源的中性点 N 与负载的中性点 N′电位相等，依然可使得负载工作于额定电压。但当负载不对称时，由于没有中线，使得电源的中性点 N 与负载的中性点 N′之间出现一定的电压，即负载中性点发生偏移。这时三相负载有的电压高

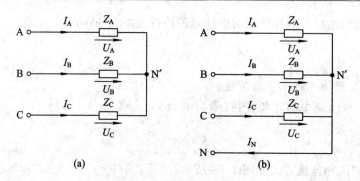

图 1.32 星形连接原理图

(a) 三相三线制；(b) 三相四线制

于负载的额定电压，有的电压低于负载的额定电压，负载不能正常工作，因此要避免这种情况的发生。

2. 负载三角形连接

负载连接成三角形时，应保证每相负载实际承受的电压等于其额定电压。如图 1.33 所示，每相负载所加的电压就是电源的线电压。每相负载的电流只取决于它本身的阻抗和它承受的电压，且不需流经其它负载。因而只要电源电压正常，不论负载对称与否，均能正常工作。

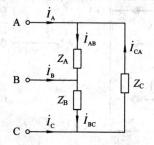

图 1.33 三角形连接原理图

3. 三相对称负载的电压、电流关系

当三相对称负载作星形连接时，线电压 U_L 是相电压 U_P 的 $\sqrt{3}$ 倍，线电流 I_L 等于相电流 I_P，即 $U_L = \sqrt{3} U_P$，$I_L = I_P$；作三角形连接时，线电压 U_L 等于相电压 U_P，线电流 I_L 是相电流 I_P 的 $\sqrt{3}$ 倍，即 $I_L = \sqrt{3} I_P$，$U_L = U_P$。三相不对称负载的电压、电流无上述固定关系。

五、实验内容

实验中用三组白炽灯作为三相负载，每组 3 只灯泡。对称负载每组 3 只灯泡，不对称负载 A 相 3 只、B 相 2 只、C 相 1 只灯。

1. 负载星形连接

(1) 按图 1.31(a) 所示线路接线。

(2) 测量对称负载和不对称负载两种情况下，负载的线电压、相电压、线电流（相电流）和中线电压、中线电流。测得的数据记录于表 1-19、表 1-20 中。

注：无中线时打开中线开关，实际中线不能装开关。

(3) 观察各相灯组亮暗的变化程度与电压高低的关系，特别要注意观察中线的作用。

表 1-19 星形连接对称负载数据表

被测量 次序	负载线电压/V			负载相电压/V			线（相）电流/A			$U_{NN'}$/V	I_N/A
	U_{AB}	U_{BC}	U_{CA}	$U_{AN'}$	$U_{BN'}$	$U_{CN'}$	I_A	I_B	I_C		
有中线											
无中线											

表 1-20 星形连接不对称负载数据表

被测量 次序	负载线电压/V			负载相电压/V			线（相）电流/A			$U_{NN'}$/V	I_N/A
	U_{AB}	U_{BC}	U_{CA}	$U_{AN'}$	$U_{BN'}$	$U_{CN'}$	I_A	I_B	I_C		
有中线											
无中线											

2. 负载三角形连接

（1）按图 1.31(b) 所示线路接线。

（2）测量对称负载和不对称负载两种情况下，负载的线电压（相电压）、线电流、相电流。记录数据于表 1-21 中，并观察两种条件下灯的亮度。

表 1-21 三相负载三角形连接数据表

被测量 负载接法	负载线电压/V			线电流/A			相电流/A		
	U_{AB}	U_{BC}	U_{CA}	I_A	I_B	I_C	I_{AB}	I_{BC}	I_{CA}
对称负载									
不对称负载									

六、预习思考题

（1）三相对称负载分别为星形连接和三角形连接时，线电压和相电压、线电流和相电流之间的关系是什么？这种关系是否适用于非对称负载？

（2）说明星形连接时中线的作用，中线上能安装保险丝吗？为什么？

（3）不对称三角形连接的负载，能否正常工作？

第八节 三相电路的功率测量

一、实验目的

（1）掌握用三瓦特表法和二瓦特表法测量三相电路的功率。

(2) 掌握功率表的接线和使用方法。

二、实验设备

(1) DGJ - 2 型电工技术实验装置。

(2) DGJ - 04 交流电路实验挂箱(见图 1.15(b))。

三、实验电路

三相负载的两种连接方式如图 1.31 所示。

四、实验原理

1. 三相四线制供电、负载星形连接的电路的功率测量

对于三相四线制供电的三相星形联接的负载,可用三只功率表测量各相的有功功率,如图 1.34 所示,三个单相功率表的读数为 P_{w1}、P_{w2}、P_{w3},则三相功率之和 $P = P_{\mathrm{w1}} + P_{\mathrm{w2}} + P_{\mathrm{w3}}$ 即为三相负载的有功功率,这种测量方法称为三瓦特表法。

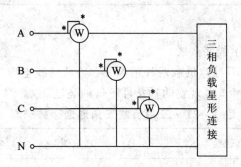

图 1.34 三瓦特表法测量三相功率

对于对称负载,用一个单相功率表测量一相的功率即可,若读数为 P_{w},则三相功率为 $P = 3P_{\mathrm{w}}$,称为一瓦特表法。

瓦特表法测量三相电路有功功率的接线规则:

(1) 三个功率表的电流线圈分别串入三条线中(A、B、C 线),使通过电流线圈的电流为三相电路的线电流,且电流线圈的同名端必须接到电源侧。

(2) 三个功率表的电压线圈的同名端必须接到该功率表电流线圈所在的线上,电压线圈的非同名端同时接到中线。

2. 三相三线制供电电路的功率测量

三相三线制供电系统中,不论三相负载是否对称,也不论负载是星形接法还是三角形接法,都可以用二瓦特表法测量三相负载的有功功率,测量线路如图 1.35 所示。若两个功率表的读数为 P_{w1}、P_{w2},则三相功率 P 为

$$P = P_{\mathrm{w1}} + P_{\mathrm{w2}} = U_{\mathrm{AC}}I_{\mathrm{A}}\cos\varphi_1 + U_{\mathrm{BC}}I_{\mathrm{B}}\cos\varphi_2$$

其中,φ_1 是 U_{AC} 和 I_{A} 的相位差角,φ_2 是 U_{BC} 和 I_{B} 的相

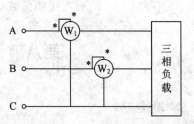

图 1.35 二瓦特表法测量三相功率

位差角。

当三相负载对称时，根据图 1.36，有：

$$P = P_{W1} + P_{W2} = U_l I_l \cos(30° - \varphi) + U_l I_l \cos(30° + \varphi)$$

其中，φ 为阻抗角（功率因数角），两个功率表的读数和 φ 有下列关系：

（1）当负载为纯阻性时，$\varphi = 0$，$P_{W1} = P_{W2}$，即两个功率表读数相等。

（2）当负载为感性或者容性且 $\varphi = \pm 60°$ 时，将有一个功率表的读数为零。

（3）当负载为感性或者容性且 $|\varphi| > 60°$ 时，将有一个功率表的读数为负，这时应将功率表电流线圈的两个接线端子调换（不能调换电压线圈的接线端子），其读数应记负值，此时三相电路的有功功率应为 P_{W1} 和 P_{W2} 的代数和。

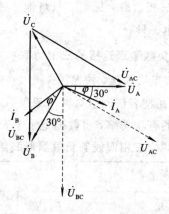

图 1.36　相量图

在图 1.35 中，功率表 W_1 的电流线圈串联在 A 线上，通过的线电流为 I_A，加在功率表 W_1 电压线圈上的电压为 U_{AC}；功率表 W_2 的电流线圈串联在 B 线上，通过的线电流为 I_B，加在功率表 W_2 电压线圈上的电压为 U_{BC}；在这样的连接方式下，证明两个功率表读数的代数和就是三相负载的总功率。因为

$$\dot{U}_{AC} = \dot{U}_A - \dot{U}_C, \quad \dot{U}_{BC} = \dot{U}_B - \dot{U}_C, \quad \dot{I}_A + \dot{I}_B + \dot{I}_C = 0$$

所以

$$
\begin{aligned}
P &= P_{W1} + P_{W2} \\
&= \dot{U}_{AC}\dot{I}_A + \dot{U}_{BC}\dot{I}_B \\
&= (\dot{U}_A - \dot{U}_C)\dot{I}_A + (\dot{U}_B - \dot{U}_C)\dot{I}_B \\
&= \dot{U}_A\dot{I}_A + \dot{U}_B\dot{I}_B - \dot{U}_C(\dot{I}_A + \dot{I}_B) \\
&= \dot{U}_A\dot{I}_A + \dot{U}_B\dot{I}_B + \dot{U}_C\dot{I}_C \\
&= P_A + P_B + P_C
\end{aligned}
$$

其中，P_A、P_B、P_C 分别是 A、B、C 各相的功率。由此可知，采用二瓦特法按图 1.35 的接线方式可以测量三相功率 P。

因为上述证明用到 $\dot{I}_A + \dot{I}_B + \dot{I}_C = 0$ 这个条件，所以二瓦特表法测量三相功率只适用于三相三线制电路，不适用于三相四线制不对称电路。

二瓦特表法测量三相电路有功功率的接线规则：

(1) 两个功率表的电流线圈分别任意串联接入两条线中(A、B、C 线中的两条),使通过电流线圈的电流为三相电路的线电流,且电流线圈的同名端必须接到电源侧。

(2) 两个功率表的电压线圈的同名端必须接到该功率表电流线圈所在的线,电压线圈的非同名端同时接到没有接功率表电流线圈的第三条线上。

(3) 用二瓦特表法测量三相功率时,电路的功率等于两个功率表读数的代数和。单个功率表的读数没有实际意义。

五、实验内容

实验中用三组白炽灯作为三相负载,每组 3 只灯泡。对称负载每组 3 只灯泡,不对称负载 A 相 3 只、B 相 2 只、C 相 1 只。

1. 三相四线制供电、测量负载星形连接的三相功率

(1) 三相四线制供电、负载星形连接,按照图 1.31(a)接线。

(2) 按照图 1.34 所示的三瓦特表法测量对称负载和不对称负载两种情况下,每相负载的有功功率,并计算三相负载的有功功率,将数据记录于表 1-22 中。

表 1-22　三相四线制负载星形联结数据表

被测量 / 负载接法	负 载			测 量 数 据			计 算 值
	A 相	B 相	C 相	P_A/W	P_B/W	P_C/W	P/W
Y_0 对称负载	3	3	3				
Y_0 不对称负载	3	2	1				

2. 三相三线制供电、测量三相负载功率

(1) 三相三线制供电、负载星形连接,按照图 1.31(a)接线,使中线处于断开状态。

(2) 按照图 1.35 所示的二瓦特表法测量对称负载条件下每个功率表的读数,并计算三相负载的有功功率,将数据记录于表 1-23 中。

(3) 三相三线制供电、负载三角形连接,按照图 1.31(b)接线。

(4) 按照图 1.35 所示的二瓦特表法测量对称负载和不对称负载两种情况下,每个功率表的读数,并计算三相负载的有功功率,将数据记录于表 1-23 中。

表 1-23　三相三线制负载功率数据表

被测量 / 负载接法	负 载			测 量 数 据		计 算 值
	A 相	B 相	C 相	P_1/W	P_2/W	P/W
Y 对称负载	3	3	3			
△对称负载	3	3	3			
△不对称负载	3	2	1			

六、预习思考题

（1）二瓦特表法和三瓦特表法测量三相电路有功功率的原理是什么？分别适用于哪种情况？

（2）三瓦特表法测量三相电路有功功率时，功率表应该怎么接入？

第九节　RC 串联电路的暂态过程

一、实验目的

（1）观测和掌握 RC 电路充放电过程，了解时间常数对暂态过程的影响。

（2）观测和掌握微分电路和耦合电路的作用以及它们的区别。

二、实验设备

（1）DGJ-2 型电工技术实验装置。

（2）DGJ-03 电路基础实验挂箱（见图 1.15(a)）。

三、实验电路

RC 串联电路的暂态过程实验电路图如图 1.37 所示。

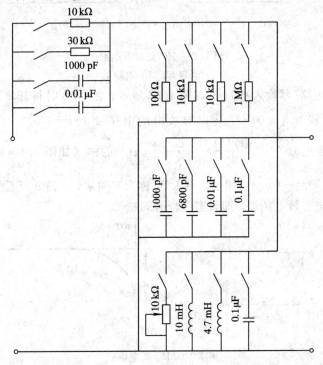

图 1.37　RC 电联电路的暂态过程实验电路图

四、实验原理

RC 串联电路在接通或断开直流电源的瞬间，相当于受到阶跃电压的影响，电路对此要做出响应，会从一个稳定状态转变到另一个稳定状态，这个转变过程称为暂态过程。

1. RC 串联电路的充放电过程

（1）RC 充电电路（零状态响应）。如图 1.38 所示，在 $t=0$ 时将开关 S 接 1，电路与恒定电压为 U 的电压源 E 接通，电容处于充电过程（假设 $u_C(0_-)=0$）。电容充电的电压 $u_C(t)=U(1-e^{-\frac{t}{\tau}})$，$u_C(t)$ 的曲线如图 1.39(a) 所示。充

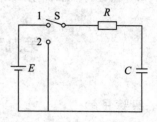

图 1.38 RC 充放电电路

电电流 $i=C\dfrac{du_C(t)}{dt}=\dfrac{U}{R}e^{-\frac{t}{\tau}}$，则电阻 R 上的电压 $u_R(t)=$ $Ri=Ue^{-\frac{t}{\tau}}$，$u_R(t)$ 的曲线如图 1.39(b) 所示。式中，$\tau=$ RC，称为时间常数，是 u_C 上升到 $0.632U$ 所需要的时间。τ 越大，电容充电越慢，即暂态过程时间越长。

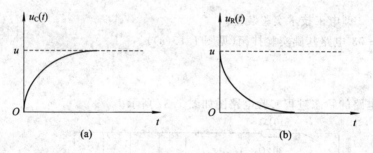

图 1.39 RC 充放电电路
(a) 电容 C；(b) 电阻 R

（2）RC 放电电路（零输入响应）。如图 1.38 所示，在 $t=0$ 时将开将开关 S 接 2，电容处于放电过程（假设 $u_C(0_-)=U$）。电容放电的电压 $u_C(t)=Ue^{-\frac{t}{\tau}}$，$u_C(t)$ 的曲线如图 1.40(a) 所示。放电电流 $i=C\dfrac{du_C(t)}{dt}=-\dfrac{U}{R}e^{-\frac{t}{\tau}}$，$i(t)$ 的曲线如图 1.40(b) 所示，则电阻 R 上的电压 $u_R(t)=Ri=-Ue^{-\frac{t}{\tau}}$。式中，$\tau=RC$，称为时间常数，是 u_C 下降到 $0.368U$ 所需要的时间。τ 越大，电容放电越慢，即暂态过程时间越长。

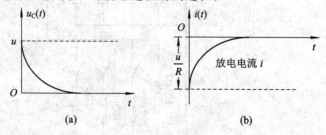

图 1.40 RC 放电电路
(a) 电容电压曲线；(b) 电流 i 曲线

2. 微分电路和耦合电路

在 RC 电路中，输入信号电压 u 是矩形波信号，其脉冲宽度为 T_1，脉冲间隔为 T_2。

（1）微分电路。若此 RC 电路时间常数 $\tau = RC$ 远远小于 T_1 和 T_2，以 u_R 为输出量，则该电路为微分电路。利用微分电路可以将方波变换成正负脉冲，如图 1.41 所示，此时 u_R 输出为正负尖脉冲。

（2）耦合电路。若此 RC 电路时间常数 $\tau = RC$ 远远大于 T_1 和 T_2，以 u_R 为输出量，则该电路为耦合电路。如图 1.42 所示。

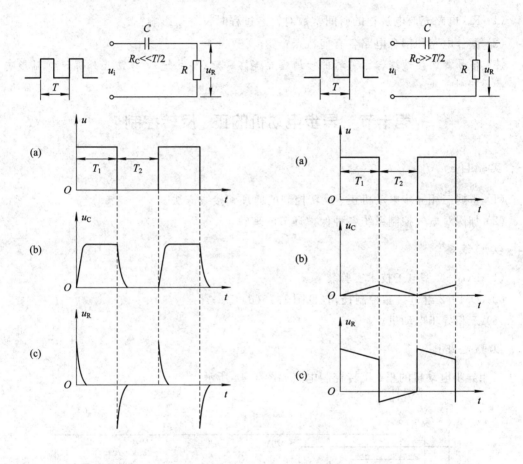

图 1.41　微分电路及波形曲线　　　　　　图 1.42　耦合电路及波形曲线

五、实验内容

（1）在如图 1.37 所示实验线路图中，认清 R、C 元件的布局及其标称值、各开关的通断位置等。本实验对采用方波信号加于 RC 串联电路时产生的暂态曲线进行研究。

（2）RC 电路充放电过程。取 $C = 0.01\ \mu\text{F}$、$R = 10\ \text{k}\Omega$，串联组成 RC 充放电电路。调节函数信号发生器的方波输出端，产生 $U = 5\ \text{V}$，频率为 300 Hz，占空比为 1∶1 的方波信号，将该信号加在实验电路输入端后，用示波器观察电阻和电容上的波形并记录于图中（自行设计）；再将电阻改为 30 kΩ，重复上述过程。

　　如图 1.43 所示，取 $C=0.01~\mu F$，$R=10~k\Omega$，将 RC 电路输入端接函数信号发生器的方波输出端，脉冲频率 $f=300~Hz$。用示波器观测并记录输入波形和电阻 R 两端的电压 U_R 波形，并作比较，此时电路为微分电路。

　　取 $C=0.01~\mu F$，$R=1~M\Omega$，重复以上过程，并作比较，此时电路为耦合电路。

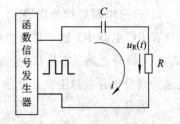

图 1.43　微分与耦合电路实验原理图

六、预习思考题

　　(1) RC 电路充放电过程的时间常数对暂态过程时长有何影响？

　　(2) 微分电路和耦合电路各有何特点？

　　注：信号源的接地端与示波器的接地端要连在一起(称共地)，以防止外界干扰而影响测量的准确性。

第十节　异步电动机的正、反转控制

一、实验目的

　　(1) 掌握三相异步电动机正、反转控制的原理和接线方法。

　　(2) 加深对电气控制系统各种保护环节的理解。

二、实验设备

　　(1) DGJ-2 型电工技术实验装置。

　　(2) D61-2 继电接触控制挂箱(见图 1.15(d))。

　　(3) 三相异步电动机。

三、实验电路图

　　三相异步电动机的正、反转控制电路如图 1.44 所示。

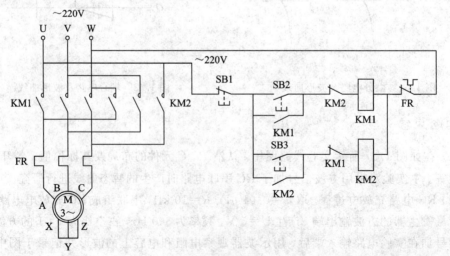

图 1.44　三相异步电动机的正、反转控制电路

四、实验原理

1. 常用元器件

实现电动机的控制，常常需要通过交流接触器，热继电器，开关，按钮等元器件，实现电机的正转、反转以及停止等功能。

表 1 - 24　常 用 元 器 件

名　称		符　号
交流接触器 KM	主触头	
	常开触头	
	常闭触头	
按钮 SB	常开按钮	
	常闭按钮	
热继电器 FR	线圈	
	常闭触头	

2. 三相异步电动机的正、反转控制

三相异步电动机的定子绕组通入三相交流电将会产生旋转磁场。三相交流电的相序决定磁场的旋转方向，故只需将与三相电源连接的电动机三根定子绕组导线中的任意两根对调位置，就可改变定子电流的相序。改变相序，就能改变磁场旋转的方向，从而改变电动机的转向。在实际中，生产机械的上升与下降、前进与后退都要通过改变电动机的转向来实现。异步电动机正反转的控制线路如图 1.44 所示，其中 SB1 是停止按钮，SB2 是正转按钮，SB3 是反转按钮。主要控制功能如下：

（1）正转。按下正转启动按钮 SB2，KM1 线圈得电，从而使 KM1 的主触头闭合，电动机接通电源，电动机启动、正转。同时 KM1 的常开触点闭合，完成自锁作用，即当松开按钮 SB2 后，仍然为 KM1 线圈电路提供通路；KM1 的常闭触头断开，切断反转接触器 KM2 的线圈电路，完成互锁作用。

（2）反转。按下反转启动按钮 SB3，KM2 线圈得电，从而使 KM2 的主触头闭合，此时通入定子电流的相序和正转时不同，因而电动机反转。同时 KM2 的常开触点闭合，完成自锁作用，即当松开按钮 SB3 后，仍然为 KM2 线圈电路提供通路；KM2 的常闭触头断开，切断正转接触器 KM1 的线圈电路，完成互锁作用。

（3）停止。按下停止按钮 SB1，无论电机是正转还是反转，KM1 线圈或 KM2 线圈都断电，KM1 或 KM2 的主触头都断开，电动机断电，停转。

3. 保护功能

电动机的控制要具有完善的保护功能，例如短路保护、过载保护、失压保护等。

(1) 短路保护。当线路发生短路时，熔断器 FU 熔断，将三相电源与回路断开，电动机停电、停转，完成保护作用。

(2) 过载保护。电动机由于种种原因而造成过载时，在控制回路中的热继电器 FR 的常闭触点断开，使电动机停电、停转，完成保护作用。

(3) 失压保护。当电动机正常运转时，如果电源突然停电，那么接触器线圈也就失电，于是各控制器件恢复常态(无电状态)。如果电源又恢复正常，由于 KM1 和 KM2 的主触头都处于断开状态(常态)，电动机不会自行启动，这就防止了由于电动机自行启动而可能引起的事故。

五、实验内容

(1) 按图 1.44 接好主回路及控制回路，电机为星形连接。

(2) 按下正转、停止、反转按钮，观察电动机旋转方向。

(3) 在正转时，按下反转按钮；在反转时，按下正转按钮，检查互锁的作用。

(4) 若发现异常情况，必须立即切断电源开关。

六、预习思考题

(1) 什么是自锁？什么是互锁？如何实现？

(2) 什么是短路保护？什么是过载及欠压保护？如何实现？

第十一节　异步电动机顺序控制的设计

一、实验目的

(1) 依据生产工艺需求设计控制电路。

(2) 依据原理图连接和调试电路。

二、实验设备

(1) DGJ - 2 型电工技术实验装置。

(2) D61 - 2 继电接触控制挂箱(见图 1.15(d))。

(3) 三相异步电动机。

三、实验原理

顺序控制电路是在几个设备之间保证顺序启动或者顺序停止的一种控制方法，需要进行联锁控制设计。如图 1.45 为煤炭传送装置，电机 M1 启动后 M2 方可启动，电机 M2 停止后 M1 方可停止。

本实验要求学生根据所学内容，自行设计顺序控制电路(电机 1 为三相交流电动机，电机 2 为白炽灯组)。电动机和白炽灯组均作星形连接，白炽灯组作对称接法。

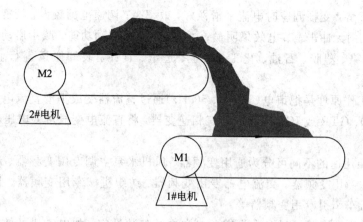

图 1.45　传送装置

四、实验内容

（1）按自行设计的顺序控制电路进行接线。

（2）接好线路后，通电实验，验证设计的电路能否满足实验要求。

五、预习内容

依据生产工艺需求设计顺序控制电路。

第十二节　异步电动机的变频调速

一、实验目的

（1）了解变频器的功能特性。

（2）学习变频器的基本使用方法。

二、实验设备

（1）DGJ－2 型电工技术实验装置。

（2）MM420 变频器。

（3）三相异步电动机。

三、实验原理

根据

$$n = \frac{60f(1-s)}{p}$$

式中，n——电动机转速，r/min；f——交流电源频率，Hz；s——电动机转差率；p——电动机磁极对数。

可知，交流电动机的调速方法有三种：变极调速、改变转差率调速和变频调速。其中变频调速最具优势：变频调速时电流平滑性好，效率高；调速范围较大，精度高；启动电流低，对系统及电网无冲击，节电效果明显；可实现软启、制动功能，减小启动电流冲击。因此，在纺织、印染、塑胶、石油、化工、冶金、造纸、食品、装卸搬运等行业都有着广泛应用。

变频器的工作原理是把市电(380 V、50 Hz)通过整流器变成平滑直流电，然后利用半导体器件(GTO、GTR 或 IGBT)组成的三相逆变器，将直流电变成可变电压和可变频率的交流电。

变频器按照用途的不同可分为通用变频器、风机水泵空调专用变频器、起重机专用变频器、恒压供水专用变频器、交流电梯专用变频器、纺织机械专用变频器、机械主轴传动专用变频器、机车牵引专用变频器等。

刚出厂的变频器，可通过参数设定器对它进行参数设定，如电动机的铭牌数据、频率选择、控制功能等。设定完毕，通用变频器会将运行参数自动调整到最佳状态。还可以通过外接电位器、通信接口或程序对变频器的参数进行变更。

变频器是电力电子设备，其内部的电子元件和单片机易受外界干扰，其本身的非线性也会影响同一电网其他设备运行，设计时可根据环境选择隔离变压器、电源滤波器、直流电抗器、交流电抗器等设备配套使用。

四、实验内容

本实验采用西门子生产的通用变频器 MM420。MM420 是用于控制三相交流电动机速度的变频器系列，该系列有多种型号，从单相电源电压 AC200～240 V、额定功率 120 W 到三相电源电压 AC200～240 V/AC380～480 V、额定功率为 11 kW。

1. 按要求接线

如图 1.46 所示接线，检查电路正确无误后，合上主电源开关 QS。

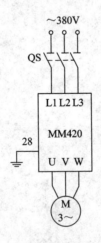

图 1.46　变频调速系统原理图

2. 变频器参数设置

本实验所用三相异步电动机的参数为：额定功率 500 W、额定电压 380 V、额定电流 1.5 A，据此设定变频器的参数(见表 1-25)。

表 1 – 25　变频器参数设定

参数号	设置值	说　明
P0970	1	恢复出厂值
P0010	1	快速调试
P0304	380	电动机的额定电压
P0305	1.5	电动机的额定电流
P0307	0.5	电动机的额定功率
P0310	50	电动机的额定频率
P0311	1400	电动机的额定速度
P1000	3	选择频率设定值
P1080	0	电动机最小频率
P1082	50.00	电动机最大频率
P1120	2	斜坡上升时间
P1121	2	斜坡下降时间
P3900	1	结束快速调试

3. 变频器运行操作

（1）变频器启动：在变频器的前操作面板上按运行键 ⓘ，变频器将驱动电动机升速。

（2）正反转：电动机的旋转方向可通过前操作面板上的正反转键 ⊙ 来实现。

（3）加减速：电动机的转速可通过前操作面板上的增减键▲/▼来改变。

（4）电动机停车：在变频器的前操作面板上按下停止键 ⓞ，则变频器将驱动电动机降速至零。

第 2 章　模拟电子技术实验

第一节　常用电子仪器

一、实验目的

(1) 掌握电子电路实验中常用的电子仪器的主要技术指标、性能和正确使用方法。

(2) 掌握利用示波器观察信号波形和测量波形参数的方法。

二、实验设备及仪表

常用电子仪器实验设备及仪表见表 2-1。

表 2-1　常用电子仪器

序号	名　称	型号与规格	数量	备注
1	模拟电子实验台	SAC-TZ101-3	1	
2	示波器	DS5022M	1	
3	交流毫伏表	DF1930A	1	
4	函数信号发生器	DF1641A	1	
5	万用表	UT39A	1	

三、实验原理

模拟电子电路实验中经常使用的电子仪器有示波器、函数信号发生器、直流稳压电源、交流毫伏表、万用电表等，可以对模拟电子电路的静态和动态工作情况进行测试。

各仪器与被测实验装置之间的布局与连接如图 2.1 所示，仪器仪表的主要用途以及与实验电路的联系如图 2.2 所示。

接线时应注意，为防止外界干扰，各仪器的公共接地端应连接在一起，称之为共地。

1. SAC-TZ101-3 型模拟电子实验台

SAC-TZ101-3 型模拟电子实验台如图 2.3 所示，该实验台配备有直流信号源、直流稳压电源、交流电源、直流电压表、直流电流表，如图 2.4 所示。

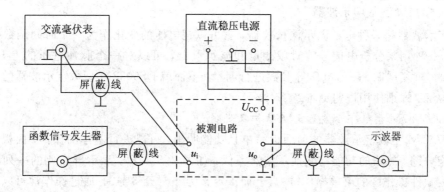

图 2.1　各仪器与被测实验装置之间的连线图

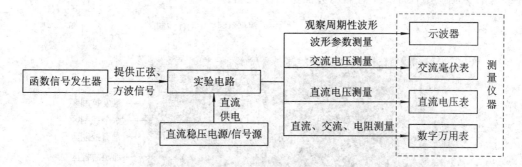

图 2.2　仪器仪表的主要用途及与实验电路的联系

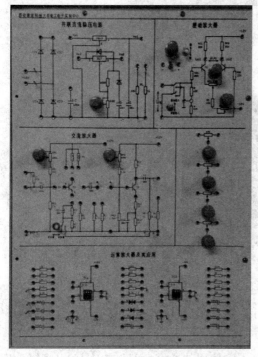

图 2.3　模拟实验台

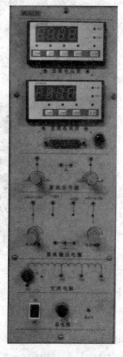

图 2.4　模拟实验台电源及仪表

2. DS5022M 型数字示波器

数字示波器是一种电子图示测量仪器，它可以把电压的变化作为一个时间函数描绘出来，作为一种用来分析电信号的时域测量和显示仪器，可以对一个脉冲电压的上升时间、脉冲宽度、重复周期、峰值电压等参数进行测量。下面就 DS5022M 型数字示波器的情况进行简单讲解。详细使用说明见本章"附录"。

1）DS5022M 型数字示波器面板结构及说明

DS5022M 型数字示波器的前面板简单且功能明晰，可以进行基本的操作，面板包括旋钮和功能按键，旋钮的功能与其他示波器类似，如图 2.5 所示。显示屏右侧的一列 5 个灰色按键为软件操作区的菜单操作键（自上而下定义为 1 号至 5 号）。通过操作键可以设置当前菜单的不同选项。其他按键为功能键，通过功能键，可以进入不同的功能菜单或直接获得特定的功能应用，图 2.6 对显示界面进行了说明。

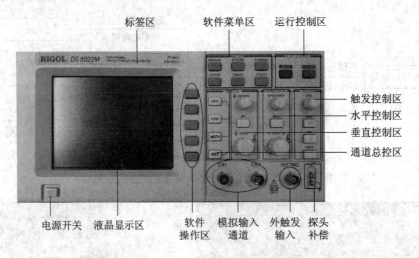

图 2.5　DS5022M 型数字示波器前面板

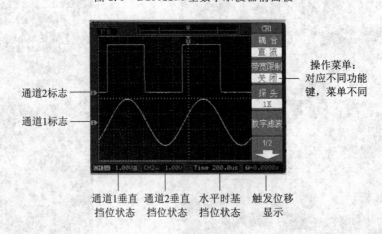

图 2.6　显示界面说明图

2）DS5022M 型数字示波器的操作

（1）信号接入。用示波器探头将信号接入欲使用的通道（CH1 或 CH2），将探头连接器上的插槽对准通道同轴电缆插接件（BNC）上的插口并插入，然后向右旋转以拧紧探头。注意，探头上的衰减系数应与示波器的衰减系数一致。具体设置方法见本章后的"附录"。

（2）自动设置。如图 2.5 所示，信号接入完成后，按运行控制区的"AUTO"（自动设置）按键，此时示波器自动设置垂直、水平和触发控制，并在显示界面显示波形，如果要优化波形的显示，可通过水平控制区、垂直控制区等进行手动调整。

（3）自动测量。如图 2.7 所示，在 MENU 控制区（即软件菜单区）的"MEASURE"为自动测量功能按钮。

图 2.7　自动测量功能按钮

图 2.8　自动测量操作菜单

按"MEASURE"自动测量功能键，系统显示自动测量操作菜单，如图 2.8 所示。本示波器具有 20 种自动测量功能，包括 10 种电压测量和 10 种时间测量，通过软件操作区的按键进行选择，对应的测量量将会显示。此外，若选择"全部测量"功能，屏幕将显示波形的11 个参数：电压最大值、电压最小值、电压峰峰值、电压有效值、电压平均值、周期、频率、正脉宽、负脉宽、上升时间、下降时间。

3）常用信号的测量

（1）正弦信号的测量。正弦波的主要波形参数为幅值 U_m、周期 T 或频率 f，测量时，按 CH1 或 CH2 键后，根据屏幕右侧菜单选择测量参数。

注意：此时需选择"AC"（交流）耦合方式测量，或按"AUTO"→"MEASURE"→"全部测量"，然后从屏幕读数。

正弦波的主要参数为幅值 U_m、周期 T 或频率 f。正弦波的峰峰值为 V_{P-P}，幅值 $U_m = \dfrac{V_{P-P}}{2}$，有效值 $U = \dfrac{U_m}{\sqrt{2}}$。

（2）方波信号的测量。方波脉冲信号的主要波形参数为周期 T，脉冲宽度 t_w 及幅值 U_m，测量方法与正弦波信号的测量相同。

注意：此时选择"DC"（直流）耦合方式测量，或按"AUTO"→"MEASURE"→"全部测量"，然后从屏幕读数。

3. DF1641A 型函数信号发生器

DF1641A 型函数信号发生器可产生正弦波、方波、三角波三种波形，其面板如图 2.9 所示。

（1）波形选择：根据需要，用按钮从正弦波、方波、三角波三种波形中选择一种。

（2）调整衰减：用按钮选择衰减 20 dB 或 40 dB。

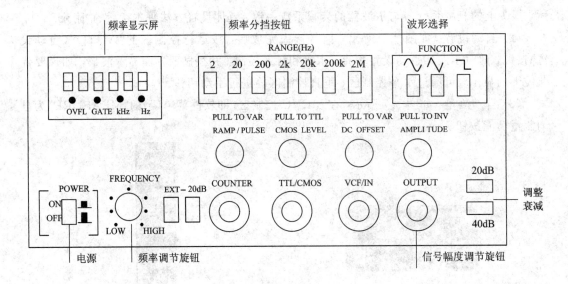

图 2.9　DF1641A 型函数信号发生器面板图

（3）调整频率：输出信号频率调节范围为 0.1 Hz～2 MHz，可以通过"频率"分挡按钮（分七挡）和"频率调节"旋钮进行调节，并由"6 位数码显示屏"显示出频率值。

（4）调整振幅：输出信号电压幅度可由"OUTPUT"调节旋钮进行连续调节。

注意：当函数信号发生器作为信号源使用时，它的输出端不允许短路。

4. DF1930A 型交流毫伏表

DF1930A 型交流毫伏表，在其工作频率范围内用来测量正弦交流电压的有效值，可分为 3 mV、30 mV、300 mV，3 V、30 V、300 V 共 6 挡。用面板上的"▷"和"◁"进行挡位调节。DF1930A 型交流毫伏表面板如图 2.10 所示。

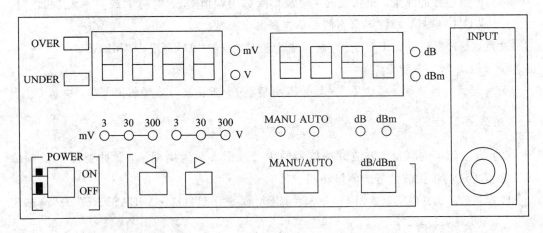

图 2.10　DF1930A 型交流毫伏表面板图

为了防止交流毫伏表过载而损坏，测量前应将量程置于量程较大位置处（如 300 V），在测量中逐挡减小量程，记下每挡的数据。读完数据后，再将量程旋钮置于较大量程位置处，然后断开连线。

四、实验内容

用函数信号发生器输出频率分别为 100 Hz、1 kHz、10 kHz、100 kHz，有效值均为 1 V（交流毫伏表测量值）的正弦波信号。将使用示波器测量信号源输出电压的频率及峰峰值（V_{P-P}）填入表 2-2。

表 2-2　数据记录

信号电压频率	示波器测量值		信号电压毫伏表读数/V	示波器测量值	
	周期/ms	频率/Hz		峰峰值/V	有效值/V
100 Hz					
1 kHz					
10 kHz					
100 kHz					

五、预习思考题

（1）实验中各个仪器在测量电路中的功能是什么？

（2）如何操作示波器的有关按钮才能得到清晰、稳定的波形？

第二节　直流稳压电源

一、实验目的

（1）掌握直流稳压电源的组成。

（2）理解直流稳压电源的工作原理及特性。

二、实验设备及仪表

直流稳压电源实验所需的设备及仪表见表 2-3。

表 2-3　实验设备及仪表

序号	名　称	型号与规格	数量	备　注
1	模拟电子实验台	SAC-TZ101-3	1	
2	示波器	DS5022M	1	
3	交流毫伏表	DF1930A	1	
4	函数信号发生器	DF1641A	1	
5	万用表	UT39A	1	

三、实验电路

直流稳压电源实验电路图如图 2.11 所示。

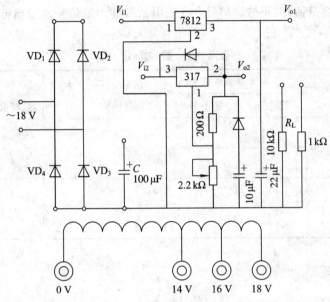

图 2.11　直流稳压电源实验电路图

四、实验原理

直流稳压电源是各种电子设备中的电源装置，通常是由单相交流 220 V、50 Hz 的电源通过降压、整流、滤波、稳压得到的。其电路组成框图以及各部分的输出波形如图 2.12 所示。

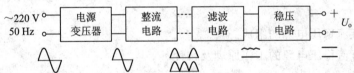

图 2.12　直流稳压电源的电路组成框图及各部分的输出波形

1. 整流电路

完成整流作用的电路称为整流电路。整流电路的种类很多，诸如单相、三相、多相、半波、全波、桥式等电路。下面以单相桥式整流电路为例介绍整流电路的工作原理。图 2.13 所示是单相桥式整流电路图。

优先导通论指出：在由许多二极管组成的电路中，二极管阳极电位最高者和阴极电位最低者优先导通。按此理论，输入端加交流电压 $u_2 = U_{2m} \sin\omega t$ 时，在 $0 \sim \pi$ 区间，a 端为正，b 端为负。VD_1 的阳极电位最高，VD_3 的阴极电位最低，因而 VD_1、VD_3 优先导通。VD_1、VD_3 导通后，a 点和 c 点电位相同（略去管压降），b 点和 d 点电位相同，因而二极管 VD_2、VD_4 受反向电压而截止。电流的通路为 a→VD_1→R_L→VD_3→b，负载 R_L 上的电压降方向为电源的方向，如图 2.13 所示。同理，在 $\pi \sim 2\pi$ 区间，电流的通路为 b→VD_2→R_L→VD_4→a，负载 R_L 的电流和电压方向仍和图 2.13 所示方向相同。由此可见，虽然电路的输入电压为交流，但经过整流电路后的输出电压却是直流电压，只是这种电压是脉动的。

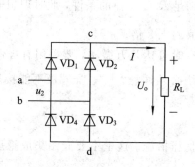

图 2.13　单相桥式整流电路

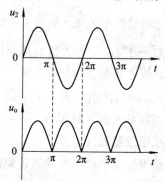

图 2.14　电源电压和整流输出电压波形

下面来分析整流输出电压 u_o（亦就是负载电阻 R_L 的端压）和电源电压 u_2 之间的量值关系。电源电压和整流输出电压的波形如图 2.14 所示。输出电压 u_o 可用傅里叶级数展开为

$$u_o = U_{om}\left(\frac{2}{\pi} + \frac{4}{3\pi}\cos2\omega t - \frac{4}{15\pi}\cos4\omega t + \cdots\right)$$

即输出电压 u_o 是由一个直流电压分量和许多不同幅值的偶次谐波分量所组成的。其输出电压直流分量为

$$U_o = \frac{2U_{om}}{\pi}$$

如果略去二极管的管压降，则 $U_{om} = U_{2m}$。那么

$$U_o = \frac{2\sqrt{2}U_2}{\pi} \approx 0.9U_2$$

2. 滤波电路

因为整流电路输出的直流电压中含有较多的交流分量，所以电压出现脉动性。为了得到输出平滑的直流电压，需用到滤波电路。滤波电路的种类很多，工作原理相差也较大，这里主要介绍电容滤波电路。

在整流电路的输出端并联一电容器就构成电容滤波，如图 2.15 所示。当整流电源输出电压超过电容器原来的初始电压时，整流电路导通，一方面对电容器充电，另一方面对负载 R_L 供电。当整流电源输出电压按正弦规律下降到一定值时，电容器放电，此时放电电流仅通过负载电阻 R_L 按指数规律放电，使整流电路截止，输出电压波形如图 2.16 所示。图 2.16 中 ab 段为整流电路导通时间，bc 段为整流电路截止时间。

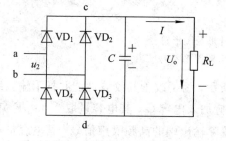

图 2.15　电容滤波电路

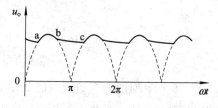

图 2.16　电容滤波电路的电压理想输出波形

电容滤波不仅使输出电压平滑，且因电容储能对负载的放电提高了输出电压平均值，为了提高电容滤波的效果，电容放电时间常数必须满足 $R_L C \approx \dfrac{5T}{2}$ 的条件，此时理想输出电压平均值 $U_o = 1.2U_2$，即直流电压为交流电压有效值的 1.2 倍。

通常滤波电容的容量从几十微法至几千微法，有时可达几万微法，要采用有极性的电解电容，电容的耐压值应大于 $1.1\sqrt{2}U_2$，且此时接线必须注意"＋"、"－"极不能接反，否则电容会因漏电大而内部短路，甚至引起爆炸。

3. 集成稳压器稳压电路

为了获得稳定性能较好的直流电压，必须采取稳压措施。这里主要介绍集成稳压器稳压电路的应用。

1）固定式集成稳压器

固定式集成稳压器仅有输入、输出、公共端三个引出端，又称为三端稳压器。其输出电压及额定输出电流固定，代表性的产品是正电压输出的 7800 系列和负电压输出的 7900 系列，每种系列输出电压有 5 V、6 V、7 V、8 V、9 V、10 V、12 V、15 V、18 V、24 V 等十种，额定输出电流有 100 mA(78L/79L)、500 mA(78M/79M)、1.5 A(78/79) 三种，最大输入电压为 37～40 V。7800/7900 系列的外形及电路图形符号如图 2.17 和 2.18 所示。

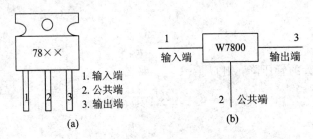

图 2.17 78××系列外形及图形符号
(a) 塑料封装；(b) 电路图形符号

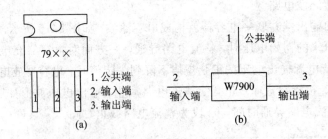

图 2.18 79××系列外形及图形符号
(a) 塑料封装；(b) 电路图形符号

7800/7900 系列的典型应用电路如图 2.19 所示，为了改善其纹波性能并抵消输入线较长时的电感效应，防止发生自激振荡，在输入端应加入电容 C_i，其电容量取 0.33 μF。在输出端加接电容 C_o 以改善负载端的暂态响应并滤除输出端的高频噪声信号，其电容量小于 1 μF，一般取 0.1 μF。

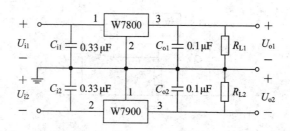

图 2.19　正、负电压输出的稳压电路

三端稳压器的最小输入、输出电压差 $(U_i - U_o)_{\min} = 2$ V，考虑到电源电压波动裕量为 $3 \sim 5$ V，因此当稳压器输出电压已经确定时，输入电压应为 $U_i \geqslant U_o + (3 \sim 5)$ V。

2）可调式集成稳压器

可调式集成稳压器可以通过外接元件对输出电压进行调整，一般输出电压调节范围为 $1.25 \sim 37$ V，代表性的产品是正电压输出的 W317 及负电压输出的 W337，每种产品按额定输出电流又可分为 0.1 A（317L/337L）、0.5 A（317M/337M）、1.5 A（317/337）等三种，其外形及电路图形符号如图 2.20 和 2.21 所示。

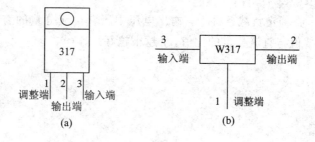

图 2.20　W317 三端可调稳压器外形及符号
（a）塑料封装；（b）电路图形符号

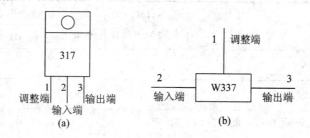

图 2.21　W337 三端可调稳压器外形及符号
（a）塑料封装；（b）电路图形符号

W317 的典型应用电路如图 2.22 所示，电路中 R_1 和 R_P 串联组成可调输出的电阻网络，通过调节 R_P 达到调节输出电压的目的。W317 的输出端和调整端之间的电压是稳定的标准电压 1.25 V，可调输出电压为：$U_o = 1.25\left(1 + \dfrac{R_P}{R_1}\right) + I_D R_P \approx 1.25\left(1 + \dfrac{R_P}{R_1}\right)$ V。

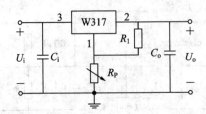

图 2.22　W317 典型应用电路

4. 稳压电源的主要性能指标

稳压电源的主要性能指标有输出电压 U_o、最大输出电流 I_{om}、输出电阻 R_o、稳压系数 S 和输出纹波电压。

输出电阻 R_o 定义为：当输入电压 U_i（稳压电路输入电压）保持不变时，由于负载变化而引起的输出电压变化量与输出电流变化量之比。即 $R_O = \dfrac{\Delta U_o}{\Delta I_o}\bigg|_{U_i = 常数}$，$R_o$ 越小越好。

稳压系数 S 定义为：当负载保持不变时，输出电压的相对变化量与输入电压的相对变化量之比。即 $S = \dfrac{\Delta U_o / U_o}{\Delta U_i / U_i}\bigg|_{R_L = 常数}$，$S$ 越小越好。

输出纹波电压：在额定负载条件下，输出电压中所含交流分量的有效值。纹波系数 γ 为交流分量的总有效值与直流分量的比值，γ 越小越好。

五、实验内容

1. 接线

按图 2.11 接线。

2. 测量数据

实验的测量数据记入表 2-4 中。

表 2-4　实验测量数据

数据　　　　　　　　　运行方式	u_2(V) 负载为 10 kΩ	输出电压 U_o(V)	
		负载 $R_{L1} = 10$ kΩ	负载 $R_{L2} = 1$ kΩ
桥式整流、无滤波			
桥式整流、电容 470 μF 滤波			
桥式整流、电容 470 μF 滤波、集成稳压器 7812 稳压			
桥式整流、电容 470 μF 滤波、集成稳压器 317 稳压（输出电压调至 12 V）			

3. 示波器观测电压波形

当负载电阻为 1 kΩ 时，利用示波器观测电源 U_2 和 U_o 的电压波形。

六、预习思考题

（1）直流稳压电源的组成及各部分的作用是什么？

（2）在桥式整流电路中，若二极管 VD_1 发生开路、短路或反接三种情况，将会分别出现什么情形？

第三节　单级电压放大器

一、实验目的

（1）掌握电压放大器的基本应用。

（2）掌握单级电压放大器主要参数的测试方法。

二、实验设备及仪表

单级电压放大器实验设备及仪表见表 2-5。

表 2-5　实验设备及仪表

序号	名　称	型号与规格	数量	备注
1	模拟电子实验台	SAC-TZ101-3	1	
2	示波器	DS5022M	1	
3	交流毫伏表	DF1930A	1	
4	函数信号发生器	DF1641A	1	
5	万用表	UT39A	1	

三、实验电路

单级电压放大器实验电路如图 2.23 所示。

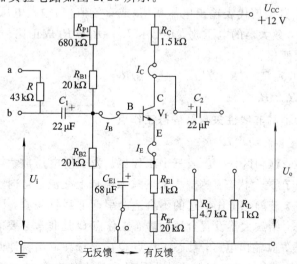

图 2.23　单级电压放大器实验电路图

四、实验原理

1. 电路组成

由晶体管构成的单级电压放大电路如图 2.23 所示，图中晶体管 V_1 起电流放大作用，是电路的核心。实验电路为分压式偏置放大电路。集电极电阻 R_c 与晶体管 V_1 串联，用以把集电极电流 i_c 的变化转换成电压的变化对外输出。电容 C_1、C_2 称为耦合电容，使电容两端电路的直流状态互不相关，起到"隔直通交"的作用，即电路只放大交流信号不能放大直流信号。发射极电阻 R_E 用以把发射极电流 i_E 的变化转换成发射极对地电压的变化，并作用于基极和发射极之间，称为电流负反馈电压，达到稳定静态工作点改善放大电路性能的作用，R_E 也称为直流负反馈电阻。电容 C_E 称为旁路电容。当在放大器的输入端加入输入信号 u_i 后，在放大器的输出端可得到一个与 u_i 相位相反、幅值放大的输出信号 u_o，从而实现电压放大。

2. 静态和动态参数

1) 静态参数

当放大电路交流输入信号 u_i 为零时，电路处于直流工作状态，电路中集电极电流 I_{CQ}、集射节电压 U_{CEQ}、基极电流 I_{BQ} 都为恒定直流，此时三者确定的工作状态称为静态工作状态。在图 2.23 所示的分压式偏置放大电路中，静态工作点可估算为：

$$U_{BQ} = \frac{R_{B2}}{R_{P1} + R_{B1} + R_{B2}} U_{CC}$$

$$I_{EQ} = \frac{U_{BQ} - U_{BE}}{R_E} \approx I_{CQ}; \quad U_{CE} = U_{CC} - I_C(R_C + R_E)$$

因此调整 R_{P1} 的大小即可实现对 I_{BQ}、I_{CQ}、U_{CEQ} 等参数的调整。

2) 动态参数

（1）电压放大倍数。电压放大倍数是指放大器输出电压 $\dot{U}_o$ 和输入电压 $\dot{U}_i$ 之比，即

$$A_u = \frac{\dot{U}_o}{\dot{U}_i} = -\beta \frac{R_C /\!/ R_L}{r_{be} + (1+\beta)R_{E1}}$$

A_u 是一个复数，其模值代表输出电压幅值（或有效值）和输入电压幅值（或有效值）之比。从上式可以看出，放大器的电压放大倍数和 $R'_L = R_C /\!/ R_L$ 成正比，即负载电阻变化时，电压放大倍数也随之变化。

（2）输入电阻：$R_i = R_{B1} /\!/ R_{B2} /\!/ [r_{be} + (1+\beta)R_{E1}]$。

（3）输出电阻：$R_o = R_C$。

3. 单级电压放大器的非线性失真及静态工作点

1) 静态工作点及其影响

晶体管有放大区、饱和区、截止区三个工作区。为了使电压放大器有电压放大作用，首先要使晶体管工作在放大状态。当放大器的输入端加上交流信号时，由于信号电压的极性和幅值都是变化的，若静态工作点选的不合适会引起非线性失真。因此，为使放大器处于正常放大工作状态，给放大器设置合理的静态工作点 Q 是非常必要的。

为了获得最大不失真输出电压，静态工作点 Q 应该选在输出特性曲线交流负载线的中点。如图 2.24 所示的 Q 点，此时能保证放大器具有最大的动态变化范围。若 Q 点选的太

高（如图 2.25 中 Q_1 点），则会引起饱和失真，即输入正弦小信号 u_i，在 u_i 的正半周，管子进入饱和状态，集电极电流 i_c 正半周失真，造成输出电压 u_o 的负半周失真（下削平）；若 Q 点选的太低（如图 2.25 中 Q_2 点），就会产生截止失真，即输入正弦小信号 u_i，在 u_i 的负半周，管子进入截止状态，造成输出电压 u_o 的正半周失真（上削平）。

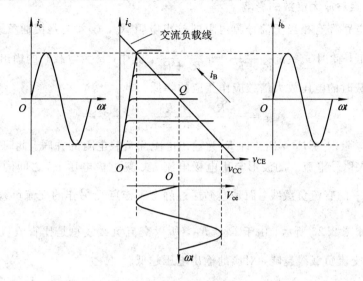

图 2.24　具有最大动态范围的静态工作

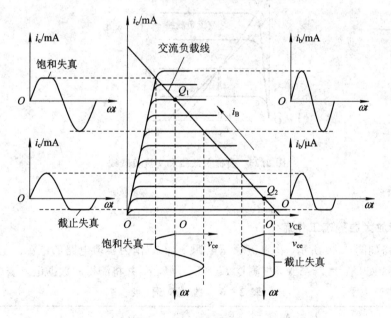

图 2.25　引起失真的静态工作点

2）静态工作点的选择及调试

根据静态工作点的估算可知，若改变电路图 2.23 中的 U_{CC}、R_{B1}、R_{B2}、R_{P1}、R_C，则都会引起静态工作点的变化，通常多采用调节偏置电阻 R_{P1} 的办法来选择静态工作点。当用 R_{P1} 来调节静态工作点时，根据集射极间的电压 U_{CE}，便可知道静态工作点的确定位置。例如，当 $U_{CE}=\dfrac{U_{CC}}{2}$ 时，它在直流负载线的中央；当 $U_{CE}>\dfrac{U_{CC}}{2}$ 时，它在直流负载线的下部；当

$U_{CE}<\dfrac{U_{CC}}{2}$ 时，它在直流负载线的上部。

4. 负载电阻对放大倍数的影响

通常放大电路都有相当于信号源内阻的输出电阻 R_o，放大电路接通负载 R_L 后，输出

电压比空载时低，此时 $u_o=u_o'\dfrac{R_L}{R_o+R_L}=u_o'\dfrac{R_L}{R_C+R_L}$，其中，$u_o'$ 为空载时的输出电压。

此时带负载时的电压放大倍数应作相应的降低，即

$$A_{uR}=-\beta\frac{R_C}{r_{be}}\times\frac{R_L}{R_C+R_L}=-\beta\frac{R_L'}{r_{be}}$$

式中等效负载电阻 $R_L'=R_C /\!/ R_L$，即 R_L' 为输出电阻和负载电阻的并联。此时晶体管的输出

特性曲线，输入信号电流 i_B 的波形与集电极电流 i_C、集电极电压 u_{CE} 之间的关系不再遵循

斜率 $\tan\alpha=-\dfrac{1}{R_C}$ 的直流负载线，而是遵循通过静态工作点 Q 另作的交流负载线，其斜率为

$\tan\alpha=-\dfrac{1}{R_L'}$，如图 2.26 所示。由于 $R_L'<R_C$，所以交流负载线总是比直流负载线陡，负载

电阻 R_L 越小，交流负载线越陡，对应的输出电压越低。

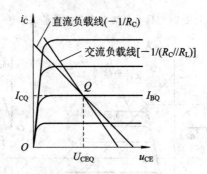

图 2.26　直流负载线和交流负载线

五、实验内容

1. 调节放大器静态工作点

实验电路如图 2.24 所示，将直流稳压电源 +12 V 作为实验电路的电源。先调节电位器
$R_{P1}(680\ k\Omega)$，使 $U_{CE}=5\sim6$ V，再测量 I_{BQ}、I_{CQ}、U_{CEQ}，并将测得的数据记入表 2-6 中。

表 2-6　数　据　记　录

物理量	$I_{BQ}/\mu A$	$I_{CQ}/\mu A$	U_{CEQ}/V
测量值			

2. 测量电压放大倍数（空载时）

调节信号发生器，输出 $f=1000$ Hz，电压为 10 mV 的正弦信号，作为放大电路的输入
电压 U_i（输入电压值 U_i 用交流毫伏表测量，输入的交流信号从图 2.23 的 b 点送入）。

用示波器观测输入电压、输出电压的波形。在输出波形不失真时记录波形(如果输出波形失真，则降低输入电压值 U_i 或再次调节 R_{P1}(680 kΩ)，使输出不失真时最大电压数值对应的波形)。

3. 测量电压放大倍数及负载电阻 R_L 对放大倍数的影响

用交流毫伏表测量输入和输出电压值，并计算电压放大倍数，将测量和计算结果记入表 2 - 7 中。

表 2 - 7　数 据 记 录

R_L	U_i/mV	U_o/V	$\|A_u\| = \dfrac{U_o}{U_i}$
$R_L = \infty$			
$R_L = 4.7 \text{ k}\Omega$			
$R_L = 1 \text{ k}\Omega$			

4. 截止和饱和失真的观测(空载)

(1) 调节电位器 R_{P1}(680 kΩ)，用示波器观测输出电压波形，当输出电压有明显截止失真时，撤去输入信号，将输入端接地，用直流电压表测出 U_{CE} 的值，并将测量出的数据及观测到的波形记录在表 2 - 8 中。

(2) 反向调节电位器 R_{P1}(680 kΩ)，用示波器观察输出波形，当输出出现明显饱和失真时，撤去输入信号，将输入端接地，用直流电压表测量 U_{CE} 的值，将测量数据及观测到的波形记入表 2 - 8 中。

表 2 - 8　数 据 记 录

状态	U_{CE}/V
截止失真	
饱和失真	

六、预习思考题

(1) 如何测试单管共射放大电路的静态工作点？

(2) 如图 2.27 中静态工作点为 Q，当增大或减小偏置电阻 R_{P1} 时，静态工作点 Q 会怎样改变？容易产生什么失真？晶体管的 I_B、I_C 及管压降 U_{CE} 将会怎样变化？

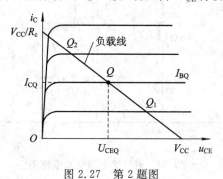

图 2.27　第 2 题图

第四节 射极输出器

一、实验目的

(1) 掌握射极输出器的电路特点及应用。

(2) 学习射极输出器各项参数的测试方法。

二、实验设备及仪表

射极输出器实验设备及仪表见表 2-9。

表 2-9 实验设备及仪表

序号	名　称	型号与规格	数量	备注
1	模拟电子实验台	SAC - TZ101 - 3	1	
2	示波器	DS5022M	1	
3	交流毫伏表	DF1930A	1	
4	函数信号发生器	DF1641A	1	
5	万用表	UT39A	1	

三、实验电路

射极输出器实验电路如图 2.28 所示。

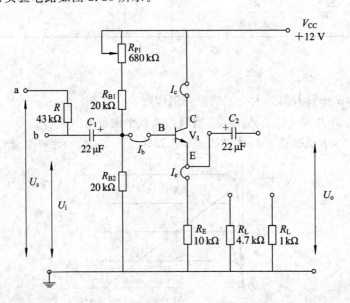

图 2.28 射极输出器实验电路图

四、实验原理

1. 静态工作点

射极输出器的输出从发射极输出，其接法构成一个共集电极电路。它是一个电压串联负反馈放大电路，具有输入电阻高，输出电阻低，输出电压能够跟随输入电压作线性变化，且输入和输出信号同相的特点。根据图 2.28 对射极输出器进行静态工作点的估算：

$$U_{BQ} = \frac{R_{B2}}{R_{P1} + R_{B1} + R_{B2}} U_{CC}$$

$$I_{EQ} = \frac{U_{BQ} - U_{BE}}{R_E} \approx I_{CQ}$$

$$U_{CE} = U_{CC} - I_E R_E$$

2. 放大器动态性能指标

1）电压放大倍数 A_u 的测量

电压放大倍数 A_u 由下式计算：

$$A_u = \frac{\dot{U}_o}{\dot{U}_i} = \frac{(1+\beta)(R_E \mathbin{/\mkern-5mu/} R_L)}{r_{be} + (1+\beta)(R_E \mathbin{/\mkern-5mu/} R_L)}$$

上式说明，射极输出器的电压放大倍数接近于 1 但恒小于 1，它的射极电流仍比基极电流大 $(1+\beta)$ 倍，所以它没有电压放大作用，有电流放大和功率放大作用。

2）输入电阻 R_i

输入电阻 R_i 的大小反映了电路消耗信号源功率的大小。若 $R_i \gg R_s$（信号源内阻），则说明电路从信号源获取较大电压；若 $R_i \ll R_s$，则说明电路从信号源吸收较大电流；若 $R_i = R_s$，则说明电路从信号源获取最大功率。

输入电阻计算公式如下：

$$R_i = R_B \mathbin{/\mkern-5mu/} \left[r_{be} + (1+\beta)(R_E \mathbin{/\mkern-5mu/} R_L) \right]$$

由上式可知，射极输出器的输入电阻 R_i 比共射极单管电压放大器的输入电阻 $R_i \approx r_{be}$ 大得多。

实验中采用伏安法测得射极输出器的输入电阻。可通过测量 U_s 和 U_i，如图 2.29 所示，再测得图 2.28 中 A、B 两点的对地电位，根据 $R_i = \dfrac{U_i}{I_i} = \dfrac{U_i}{U_s - U_i} R$，即可求出输入电阻 R_i。

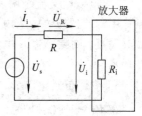

图 2.29　输入电阻测量电路

3）输出电阻 R_o

输出电阻 R_o 的大小反映了放大器带负载的能力，R_o 越小，带负载的能力越强。当 $R_o \ll R_L$ 时，放大器可等效成一个恒压源。R_o 计算公式如下：

$$R_o = R_E \mathbin{/\mkern-5mu/} \frac{r_{be} + (R_s \mathbin{/\mkern-5mu/} R_B)}{1+\beta} \approx \frac{r_{be} + (R_s \mathbin{/\mkern-5mu/} R_B)}{1+\beta}$$

由上式可知，射极输出器的输出电阻 R_o 比共射极单管放大器的输出电阻 $R_o = R_C$ 低得多。

输出电阻 R_o 测试电路如图 2.30 所示。在放大器正常工作条件下，测出输出端开路（不接负载 R_L）时的输出电压 U_o 和接入负载 R_L 后的输出电压 U_L，根据

$$U_L = \frac{R_L}{R_o + R_L} U_o$$

即可求出 R_o，即

$$R_o = \left(\frac{U_o}{U_L} - 1\right)R_L$$

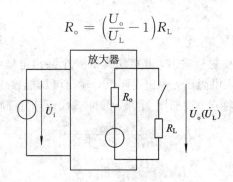

图 2.30　输出电阻测量电路

在测试中应注意，必须保持 R_L 接入前、后输入信号的大小不变。

五、实验内容

1. 射极输出器静态工作点

按射极输出器实验电路图 2.28 接线。将直流稳压电源＋12 V 作为实验电路的电源。调节 680 kΩ 电位器，使 $U_{CE}=6\sim7$ V，然后再用直流电压表测量 I_{BQ}、I_{CQ} 和 U_{CEQ}，并记录数据于表 2-10 中。

表 2-10　数据记录

物理量	$I_{BQ}/\mu A$	$I_{CQ}/\mu A$	U_{CEQ}/V
测量值			

2. 测量电压放大倍数（空载时）

将低频信号发生器调到频率为 1000 Hz，电压为 300 mV，作为放大电路的输入电压 U_i（输入电压用交流毫伏表测量，输入的交流信号从图 2.28 的 b 点送入）。

用示波器观测输入电压和输出电压的波形。在输出波形不失真时记录波形（如果输出波形失真，则减小输入电压 U_i 的值或调节 680 kΩ 电位器，使其输出电压波形最大但不失真）。

3. 测量负载电阻 R_L 对电压放大倍数的影响

在 $R_L=1$ kΩ 和 $R_L=\infty$ 时，测量其输入电压和输出电压，并计算出 A_u 值。在表 2-11 中记录测量和计算的数据。

表 2-11　数据记录

R_L	U_i/mV	U_o/V	$\|A_u\| = \dfrac{U_o}{U_i}$
$R_L=\infty$			
$R_L=1$ kΩ			

4. 测量输入电阻 R_i 和输出电阻 R_o

实验线路中，$R=43$ kΩ、$R_L=1$ kΩ，输入频率 $f=1000$ Hz、$U_s=500$ mV 的正弦信号

（输入的交流信号从图 2.29 的 a 点送入），在输出电压 U_o 不失真的情况下，用交流毫伏表测出 U_i 和 U_o 的值，并将其填入表 2 – 12。保持 U_s 不变，断开 R_L，测量输出电压 U_o，并在表 2 – 12 中记录数据。

表 2 – 12　数　据　记　录

物理量	U_s/mV	U_i/mV	$R_i/k\Omega$	U_L/mV	U_o/mV	$R_o/k\Omega$
测量值						

其中，$R_i = \dfrac{U_i}{U_s - U_i} R$；$R_o = \left(\dfrac{U_o}{U_L} - 1 \right) R_L$。

测量时应注意：

（1）电阻 R 的值不宜取得过大或过小，以免产生较大的测量误差，通常取 R 与 R_i 为同一数量级，本实验取 R 为 $R_s = 2$ kΩ。

（2）在测量之前，毫伏表应该校零，U_s 和 U_i 最好用同一量程挡进行测量。

（3）输出端应接上负载电阻 R_L，并用示波器监视其输出波形。要求在波形不失真的条件下进行上述测量。

六、预习思考题

（1）射极输出器的工作原理与特点是什么？

（2）射极输出器中静态工作点、放大倍数、输入电阻、输出电阻的测试方法是什么？

第五节　负反馈放大器

一、实验目的

（1）掌握两级放大电路中引入负反馈的方法。

（2）分析负反馈对放大器性能的改善和对电压放大倍数的影响。

二、实验设备及仪表

负反馈放大器实验设备及仪表见表 2 – 13。

表 2 – 13　实验设备及仪表

序号	名　称	型号与规格	数量	备注
1	模拟电子实验台	SAC – TZ101 – 3	1	
2	示波器	DS5022M	1	
3	交流毫伏表	DF1930A	1	
4	函数信号发生器	DF1641A	1	
5	万用表	UT39A	1	

三、实验电路

负反馈放大器实验电路如图 2.31 所示。

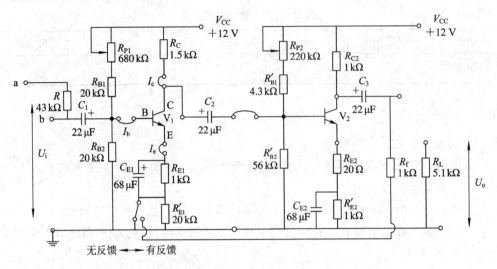

图 2.31 负反馈放大器实验电路图

四、实验原理

由于晶体管的参数会随着环境温度的改变而改变，使得放大器出现工作点、放大倍数不稳定，并存在失真、干扰等问题。为改善放大器的这些性能，常常在放大器中加入负反馈环节。

本实验电路如图 2.31 所示，将电路置于有反馈状态，此时电路为带有级间反馈的两级阻容耦合放大电路，将反馈电阻 R_f 接在 V_2 的集电极与 V_1 的发射极之间，即通过 R_f 将输出电压 U_o 引回到输入端，且在 R'_{E1} 上获得反馈电压，因此本实验电路引入了电压串联负反馈。

1. 负反馈放大器的方框图

图 2.32 是负反馈放大器的方框图，其中，$\dot{X}_i$、$\dot{X}_o$、$\dot{X}_d$ 和 $\dot{X}_f$ 分别表示放大器的输入、输出、净输入和反馈信号，可以是电压也可以是电流。F 表示输出信号和反馈信号的关系，$F = \dfrac{\dot{X}_f}{\dot{X}_o}$，称之为反馈网络的反馈系数；$A$ 表示

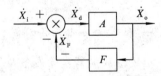

图 2.32 负反馈放大器方框图

放大器的净输入信号和输出信号的关系，$A = \dfrac{\dot{X}_o}{\dot{X}_d}$，称之为开环放大倍数，即放大器不带负反馈时的放大倍数。图中的箭头表示信号的流向，"＋"、"－"表示信号的极性。

2. 负反馈放大器的放大倍数

负反馈放大器的放大倍数 A_f 定义为输出信号与输入信号之比，即

$$\dot{A}_f = \frac{\dot{X}_o}{\dot{X}_i} = \frac{\dot{X}_o}{\dot{X}_d + \dot{X}_f} = \frac{\dot{A}\dot{X}_d}{\dot{X}_d + \dot{A}\dot{F}\dot{X}_d} = \frac{A}{1 + AF}$$

在中频段，A_f、A、F 均为实数，因此 $A_f = \dfrac{A}{1+AF}$。

当电路引入负反馈时，$AF>0$，$(1+AF)$ 称为反馈深度，其大小决定了负反馈对放大器性能改善的程度。由分析可知，放大器引入负反馈之后，放大倍数比无反馈时减小了。

3. 放大倍数的稳定性

任何物理量的稳定性都可以在一定条件下用该量的相对变化速率来表示，在仅考虑放大倍数的数值，而不考虑其相位移的情况下，负反馈放大器放大倍数的表示式可用各量的幅值来表示。即

$$A_f = \frac{A}{1+AF}$$

对该式求导数，得

$$dA_f = \frac{(1+AF)\,dA - AF\,dA}{(1+AF)^2} = \frac{dA}{(1+AF)^2}$$

则

$$\frac{dA_f}{A_f} = \frac{1}{1+AF} \cdot \frac{dA}{A}$$

上式表明，负反馈放大器的放大倍数的变化率，仅是无负反馈时放大器放大倍数变化率的 $\dfrac{1}{1+AF}$。这也就是说，负反馈放大器放大倍数的稳定性比无负反馈时放大倍数的稳定性提高了 $(1+AF)$ 倍。例如，当 A 变化 10% 时，若 $1+AF=100$，则 A_f 仅变化 0.1%。

4. 非线性失真的改善

我们利用图 2.33 来定性地解释负反馈放大器能改善非线性失真的原因。

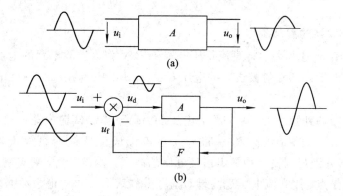

图 2.33　非线性失真的改善

图 2.33 中，如果正弦输入信号经过放大后的波形是前半周大而后半周小，也就是说，放大器在前半周的放大倍数大而在后半周的放大倍数小，因而才使正弦信号产生了这样的失真。此时，若给放大器加上负反馈，在 F 一定的条件下，反馈信号 $\dot{X}_f$ 也是前半周大，而后半周小，它和输入信号 $\dot{X}_i$ 相减后的净输入信号必然是前半周小而后半周大，如此，在放大器放大倍数大的前半周输入信号却小些，这样就可以使放大器的输出波形的前、后半周的大小基本趋于一致，从而使放大器的非线性失真有所改善。

5. 通频带的扩展

在阻容耦合放大器中，由于耦合电容、旁路电容的存在，引起了低频段电压放大倍数的降低，而晶体管的结电容、分布电容却又造成高频段电压放大倍数的降低，从而使放大器的通频带受到了限制。通常规定，电压放大倍数随频率变化下降到中频放大倍数的 $1/\sqrt{2}$，即 $0.707|A|$ 所对应的频率分别称为下限频率 f_L 和上限频率 f_H，则通频带 $f_{BW} = f_H - f_L$。

如果给放大器引入负反馈，在高频段和低频段，由于输出降低，在反馈系数不变的情况下，其反馈到输入端的信号也必然按比例减小，于是输入给放大器的净信号便增大，输出电压上升，放大倍数有所增大，其结果使放大器的输出电压比无负反馈时的输出电压相对下降量要小许多，因而使上限频率上移，而下限频率下移，从而扩展了通频带。但引入负反馈后，中频段的放大倍数 A_f 却有所下降，如图 2.34 所示。

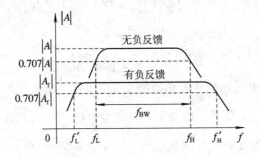

图 2.34　通频带的扩展

五、实验内容

1. 负反馈放大器的静态工作点

实验电路如图 2.31 所示，将直流稳压电源＋12 V 作为实验电路的电源。调节 680 kΩ 电位器，使晶体管 V_1 集极、射极之间的电压 $U_{CE} = 7 \sim 8$ V。调节 220 kΩ 电位器，使 V_2 集极、射极间的电压 $U_{CE} = 4.5 \sim 5$ V。

将信号发生器调到频率为 1000 Hz，电压 30 mV，作为实验电路的输入电压 U_i（输入的交流信号从图 2.34 的 a 点送入）。将放大器连接成无反馈两级放大器（不接入 $R_f = 1$ kΩ）。用示波器分别观测输入和输出信号电压的波形，若有失真，则应减小输入信号或者重新调整静态工作点。用直流电压表测量 U_{CEQ}，并在表 2 - 14 中记录数据。

表 2 - 14　实验数据

U_{CEQ}	U_{CEQ1}/V（第一级）	U_{CEQ2}/V（第二级）
测量值		

2. 测量电压放大倍数

用毫伏表分别测量出无反馈时放大器的输出电压 U_o 和有反馈时（图 2.31 中，将开关打到反馈，使之接入 $R_f = 1$ kΩ）的输出电压 U_o，并分别计算出它们的电压放大倍数。在表 2 - 15 中记录测量和计算的数据。

表 2－15　实　验　数　据

	U_i/mV	U_o/V	A_u
无反馈			
有反馈			

3. 通频带的扩展

保持输入信号电压不变，改变信号发生器的频率，由前面步骤 2 已测出 $f=1000$ Hz 时，有反馈和无反馈电路的输出电压 U_o。同时减小和增大信号发生器的频率，分别找出有反馈和无反馈两种放大电路放大倍数为 $f=1000$ Hz 时放大倍数的 $1/\sqrt{2}$（即约等于 $0.707A$）的频率点，此两点则为通频带的下限频率 f_L 和上限频率 f_H。将数据记录在表 2－16 中。

表 2－16　实　验　数　据

无　反　馈			有　反　馈		
f/Hz	U_o/V	A_u	f/Hz	U_o/V	A_u
1000 Hz			1000 Hz		
f_L					
f_H					

4. 电压放大倍数稳定性的测定

输入电压保持在 $f=1000$ Hz，$U_i=30$ mV，将电源电压改变 $\pm25\%$，即将电源电压从 12 V 变到 15 V、从 12 V 变到 9 V，分别测出有反馈和无反馈时的输出电压，并计算出其放大倍数。用放大倍数的变化率比较放大器有、无反馈时稳定性的优劣。将数据记录在表 2－17 中。

表 2－17　实　验　数　据

电源电压		$U_i=30$ mV	9 V	12 V	15 V
无反馈		U_o/V			
		A_u			
有反馈		U_o/V			
		A_u			
电源电压变化率			-25%		$+25\%$
放大倍数变化率	无反馈	$\dfrac{A_u9-A_u12}{A_u12}\cdot100\%=$		$\dfrac{A_u15-A_u12}{A_u12}\cdot100\%=$	
	有反馈	$\dfrac{A_u9-A_u12}{A_u12}\cdot100\%=$		$\dfrac{A_u15-A_u12}{A_u12}\cdot100\%=$	

5. 非线性失真的改善

将电路接成无反馈放大器，增大输入信号，用示波器观测输出信号的波形，当发生较小失真时，给放大器加上负反馈（在图 2.31 中，开关打到有反馈，使之接入 $R_f = 1 \text{ k}\Omega$），观察波形失真是否有所改善，并将波形变化记录下来。

六、预习思考题

负反馈对放大电路的性能有何影响？

第六节　差 动 放 大 器

一、实验目的

(1)掌握差动放大器的工作原理。
(2)测定差动放大器的有关参数，分析差动放大器的特性。

二、实验设备及仪表

差动放大器实验设备及仪表见表 2-18。

表 2-18　实验设备及仪表

序号	名　　称	型号与规格	数量	备注
1	模拟电子实验台	SAC-TZ101-3	1	
2	示波器	DS5022M	1	
3	交流毫伏表	DF1930A	1	
4	函数信号发生器	DF1641A	1	
5	万用表	UT39A	1	

三、实验电路

差动放大器实验电路如图 2.35 所示。

四、实验原理

图 2.35 为差分放大器电路图，是由两个元件参数相同的共射放大电路组成的，即 $R_{B1} = R_{B2} = R_B$，$R_{C1} = R_{C2} = R_C$；V_1 管和 V_2 管的特性相同，$\beta_1 = \beta_2 = \beta$，$r_{be1} = r_{be2} = r_{be}$；$R_{P1}$、$R_E$、$R_{P2}$ 为公共的发射极电阻。

1. 差动放大器的静态工作点

当无输入信号时（$u_i = 0$），各极静态电流的方向如图 2.35 所示。当差动放大器两边元件的参数完全对称时，则 V_1 和 V_2 管基极电流 I_B、集电极电流 I_C、发射极电流 I_E 的大小均相等，因此只要对电路的一个边进行分析即可。

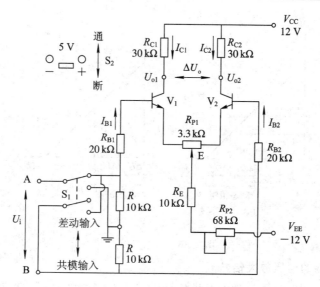

图 2.35　差动放大器实验电路图

$$I_B R_B + U_{BE} + 2I_E(R_E + R_{P2}) = V_{EE}$$

注：电位器 R_{P1} 中的阻值较小，上式中对该电阻的压降未予考虑，I_B 通常仅几个至几十个微安，而 R_B 亦多为数十千欧。因为 $I_B R_B$ 项的压降是很小的，即可认为 $I_B R_B \approx 0$，也就是晶体管基极电位 $U_B \approx 0$。因此当 $U_{BE} = 0.7$ V 时，$I_E = \dfrac{V_{EE} - 0.7}{2(R_E + R_{P2})}$。

流过集电极的电流为

$$I_C \approx \frac{1}{2} \times 2I_E \approx I_E$$

集电极对地的电位为

$$U_C = V_{CC} - I_C R_C$$

通过上面的分析可以看到，利用调整 V_{EE} 和 R_E（即调整 R_{P2}）的方法，就可以使静态工作点选择在任意所需的位置上。例如，若增大 V_{EE} 或者减小 R_{P2}，则 I_E 增大，U_C 降低，静态工作点上移；若减小 V_{EE} 或增大 R_{P2}，则 I_E 减小，U_C 上升，静态工作点下移。

2. 差动放大器的动态范围

根据差动放大器的原理，当静态工作点选择在负载线的下部时（如图 2.36(a)所示），随输入信号的增大，一只管子先进入截止状态，另一只管子仍处放大状态，其动态范围是 $2I_{CQ}R_C$（图中，ΔU_{o1} 和 ΔU_{o2} 分别是第一只和第二只管集电极电位的变化量）。当静态工作点选在负载线的上部时（如图 2.36(b)所示），一只管子先进入饱和状态，这时放大器的动态范围应为 $2U_{CQ}$。所以在估计放大器的动态范围时，应先计算出 $2U_{CQ}$ 和 $2I_{CQ}R_C$，其动态范围为两者中的较小者。与单管放大器一样，提高 U_{CC} 是增大动态范围的有效措施。静态工作点选择在负载线中点，其动态范围最大。

动态范围可用实验的方法来测定，即逐渐增大输入信号，分别观察 U_{C1}、U_{C2} 的变化情况。随着输入信号的增加，当发现有一只管子进入截止状态（集电极电压 U_C 接近为 $+U_{CC}$，即为 $+12$ V 时），或者是进入饱和状态（集电极电压 U_C 接近为 0），且不再随输入信号的增大而变化，此时输出端的电压即为放大器的动态范围值。

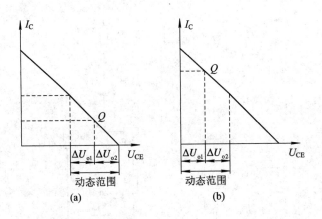

图 2.36　静态工作点

3. 差动放大器的电压放大倍数

在图 2.35 中，由于 E 点电位在差模信号作用下不变，相当于接"地"，因此可以得到输入差模信号时电路的电压放大倍数 A_d，即

$$A_d = \frac{\Delta u_{od}}{\Delta u_{id}} = \frac{2\Delta i_{B1}(R_b + r_{be})}{-2\Delta i_{c1}R_c} = -\beta \frac{R_c}{R_b + r_{be}}$$

由上面电压放大倍数的表达式可以说明：由两只晶体管组成的差动放大器其电压放大倍数和由一只晶体管组成的单管放大器相同，也就是说差动放大器以牺牲一只晶体管的放大倍数为代价，获得了抑制零点漂移的能力。

4. 共模抑制比

共模抑制比的定义：放大器对差动信号的电压放大倍数 A_d 和对共模信号的电压放大倍数 A_c 的比，即

$$K_{CMRR} = \frac{A_d}{A_c}$$

共模抑制比是放大器对共模信号抑制能力的标志。当共模抑制比较大时，放大器对共模信号的抑制能力强，即零点漂移小；反之，放大器的零点漂移较大。因而共模抑制比是直接耦合放大器的一个主要技术指标。对于差动放大器而言，如果电路参数完全对称，则 $A_c = 0$，$K_{CMRR} \rightarrow \infty$。另外，射极电阻 R_E 对共模信号也有负反馈作用（抑制作用），如果 R_E 的数值减小，也会使共模抑制比变小。

五、实验内容

本实验中将直流稳压电源 +12 V、−12 V 作为实验电路的电源。

1. 放大器的调零

差动放大器两边的元件不可能作到完全对称，因而在做实验前需要对放大器进行调零。所谓调零，就是当直流信号源 $U_i = 0$ 时（将直流信号源开关 S_2 断开即可），再调节调零电位器 R_{P1}（3.3 kΩ），使放大器的输出电压也为 0，即 $U_o = 0$。

2. 静态工作点的调整

用直流电压表测量两管的静态工作点（调节 R_{P2}），并将数据记录在表 2–19 中。

表 2 - 19　数 据 记 录

测　量　值			
V_1		V_2	
U_{C1}/V		U_{C2}/V	

3. 差动放大器差模电压放大倍数及动态范围的测定

将开关 S_1 置于"差模"状态,接通直流信号源开关 S_2,调节直流信号源旋钮,改变输入信号 U_i 的大小,再测量 U_{C1}、U_{C2}、U_o,并记录数据,填入表 2 - 20 中。注意:测量时务必要找出放大器的动态范围。

表 2 - 20　数 据 记 录

U_i/V	0	0.1	0.2	0.3	0.4	0.5	0.6	0.7	0.8	0.9	1	1.1
U_{C1}/V												
U_{C2}/V												
U_o/V												

从以上数据可知,该放大器的动态范围是(　　　)V。

差动放大倍数为

$$A_d = \frac{U_o}{U_i}\bigg|_{U_i=0.5\,V} =$$

$$A_{d1} = \frac{\Delta U_{C1}}{U_{i1}}\bigg|_{U_{i1}=0.25\,V} =$$

其中,$\Delta U_{C1} = U_{C1}|_{0.5\,V} - U_{C1}|_{0\,V}$。

4. 差动放大器共模电压放大倍数的测定

首先对差动放大器再次进行调零,然后将开关 S_1 置于"共模"状态,接通直流信号源开关 S_2,调节直流信号源旋钮,测量输入电压 U_i'(b 点与地之间的电压),在输出端测双端输出电压 U_o',将测得的数据记入表 2 - 21 中。

表 2 - 21　数 据 记 录

U_i'/V	0	0.3	0.5	0.7	0.9	1.1
U_o'/V						

共模放大倍数为

$$A_c = \frac{U_o'}{U_i'}\bigg|_{U_i'=0.5} =$$

共模抑制比为

$$K_{CMRR} = \frac{A_d}{A_c} =$$

六、预习思考题

(1) 什么是共模信号? 什么是差模信号?

(2) 如果输入信号既有共模信号又有差模信号, 那么差动放大器对哪个信号进行放大? 对哪个信号进行抑制? 为什么?

第七节　功率放大电路

一、实验目的

(1) 掌握 OCL 低频功率放大器的工作原理。

(2) 掌握 OCL 电路的性能参数的调测方法。

二、实验设备及仪表

功率放大电路实验设备及仪表见表 2 - 22。

表 2 - 22　实验设备及仪表

序号	名称	型号与规格	数量	备注
1	模拟电子实验台	SAC - TZ101 - 3	1	
2	示波器	DS5022M	1	
3	交流毫伏表	DF1930A	1	
4	函数信号发生器	DF1641A	1	
5	万用表	UT39A	1	

三、实验电路

功率放大电路实验电路如图 2.37 所示。

四、实验原理

通用型集成运算放大器的负载能力较小, 如 741 型运算放大器的输出功率仅为 50 mW, 最大输出电流为 5 mA 左右, 因此若要带动大一些的负载, 必须要提高集成运算放大器的功率输出。本实验是在集成运算放大器的输出端接无输出电容互补对称功率电路, 即 OCL 电路。

1. 实验电路的组成

实验电路如图 2.37 所示。从电路图可以看出, 功率放大部分采用了复合互补推挽放大电路。V_1 与 V_3 组成 NPN 型复合管, V_2 与 V_4 组成 PNP 型复合管, 使得电流放大倍数为两管的乘积, 从而提供了较大的输出电流, 同时减小了前级驱动电流。电阻 R_6、R_7 以及二

极管 VD_1、VD_2、VD_3 构成 V_1、V_2 管的静态工作点设置电路,利用二极管的正向导通电压使得三极管 V_1、V_2 在正常导通范围内,并使功率放大器的静态电流较小,既不会烧坏功率放大管,同时使静态电流不为零,以避免交越失真。此外,二极管的温度变化特性又能自动补偿 V_1、V_2 的静态工作点漂移,因此比采用电阻分压式偏置电路设置静态工作点优越。电阻 R_{10}、R_{11} 为功率管 V_3、V_4 建立静态工作点,电阻 R_{12}、R_{13} 是 V_3、V_4 管的发射极负反馈电阻,以稳定直流工作点和电流放大倍数。也可以在 R_L 短路时保护功率输出管 V_3、V_4,但 R_{12}、R_{13} 的阻值不能太大,以免降低整个功率放大电路的增益。R_1、R_2 为反馈电阻,通过接入 R_1 和 R_2 可以改变整个互补功率放大电路的放大倍数。

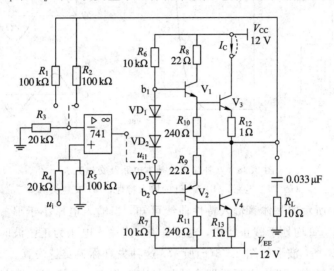

图 2.37　实验电路图

741 型集成运算放大器的同相输入端经 R_5 接地,当输入信号为零时,晶体管 V_1 与 V_3,V_2 与 V_4 上下工作点对称,此时功率放大器的输出也为零。

2. OCL 功率放大电路的主要参数

1)最大输出功率 P_{om}

根据理论分析可知,OCL 电路的最大输出功率为

$$P_{om} = \frac{U_{om}^2}{R_L} = \frac{(V_{CC} - U_{CES})^2}{2R_L}$$

其中,U_{CES} 为功率管的饱和压降。

若忽略功率管的饱和压降,则

$$P_{om} = \frac{V_{CC}^2}{2R_L}$$

2)平均功率 P_V

电源在负载获得最大交流功率时消耗的平均功率 P_V 为

$$P_V = \frac{1}{\pi} \int_0^\pi \frac{V_{CC} - U_{CES}}{R_L} \sin\omega t \cdot V_{CC} \mathrm{d}\omega t = \frac{2}{\pi} \cdot \frac{V_{CC}(V_{CC} - U_{CES})}{R_L}$$

3)转换效率 η

最大输出功率与电源提供的功率之比为转换效率 η,即

$$\eta = \frac{P_{om}}{P_V} = \frac{\pi}{4} \cdot \frac{V_{CC} - U_{CES}}{V_{CC}}$$

3. 交越失真

在如图 2.38(a)所示的基本互补输出电路中，V_1 管与 V_2 管以互补的方式交替工作，正负电源交替供电，电路中的电流通路在 $u_i > 0$ 时如图中的实线所示，$u_i < 0$ 时如图中的虚线所示。

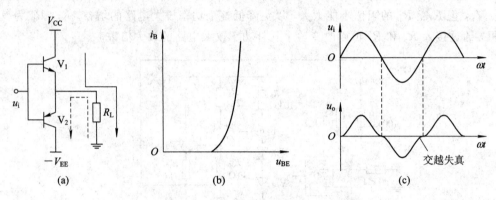

图 2.38　互补输出级基本电路及交越失真

(a) 基本电路；(b) V_1 管的输入特性；(c) 交越失真

从图 2.38(b)所示的晶体管输入特性曲线可知，当输入电压小于 B-E 间的开启电压 U_{on} 时，V_1 管与 V_2 管均处于截止状态，也就是说，当输入电压为正弦波时，在 u_i 过零附近输出电压将产生失真，波形如图 2.38(c)所示，这种失真称为交越失真。

为避免交越失真的发生，必须设置合适的静态工作点，以使两只放大管均工作在微导通的状态下。如图 2.37 所示，用二极管电路实现。静态时，使得 V_1 管与 V_2 管两个基极之间产生电压 $U_{B1B2} = U_{D1} + U_{D2} + U_{D3}$，这样，$V_1$ 管与 V_2 管均处于微导通状态。由于二极管的动态电阻很小，可以认为 V_1 管与 V_2 管的基极动态电位近似相等。

五、实验内容

1. 测量最大不失真输出功率 P_{om}，电源供给功率 P_V、效率 η

输入端提供 1 kHz 正弦信号，用示波器观察功率放大器的输出信号。输入端先将信号发生器的输出幅度调整到最小，然后由小到大逐渐增加正弦信号的幅值，直到示波器显示的功率放大器的输出信号正弦波波形刚开始发生削波失真为止。此时测量输入信号电压 U_{im}、输出信号电压 U_{om}，功率放大器总直流工作电流 I_c，并计算整个功率放大器的输出功率 P_{om}，电源供给功率 P_V，以及效率 η，将这些数据填入表 2-23 中。

表 2-23　实　验　数　据

物理量	U_{im}/V	U_{om}/V	I_c/A	P_{om}/W	P_V/W	$\eta\%$
测量值						

其中，$P_o = \dfrac{U_{om}^2}{2R_L}$；$P_V = 2V_{CC}I_c$；$\eta = \dfrac{P_o}{P_V}$。

2. 观测削波失真

在输入端提供 1 kHz 正弦信号，用示波器观察功率放大器的输出信号。输入端先将信号发生器的输出幅度调整到最小，然后由小到大逐渐增加输出正弦信号的幅值，直到示波器显示的功率放大器的输出信号正弦波波形发生削波失真为止，并记录波形。

3. 观测交越失真

将 b_1 和 b_2 短路后与运算放大器的输出端相连接，在放大电路输入端输入 $f = 1$ kHz、$u_i = 100$ mV 的低频信号，用示波器观察其输出信号，并画出输出波形的交越失真情况。

六、预习思考题

(1) 如何测量功率放大电路的主要技术指标？
(2) 电路产生交越失真的原因是什么？如何消除交越失真？

第八节　集成运算放大器

一、实验目的

(1) 掌握运算放大器的性质和特点。
(2) 研究由集成运算放大器组成的基本运算电路的功能。

二、实验设备及仪表

集成运算放大器实验设备及仪表见表 2 - 24。

表 2 - 24　实验设备及仪表

序号	名称	型号与规格	数量	备注
1	模拟电子实验台	SAC - TZ101 - 3	1	
2	示波器	DS5022M	1	
3	交流毫伏表	DF1930A	1	
4	函数信号发生器	DF1641A	1	
5	万用表	UT39A	1	

三、实验电路

集成运算放大器实验面板见图 2.3 运算放大器及其应用模块，实验电路见下面实验原理中的相关电路图。

四、实验原理

1. 理想运算放大器

1) 理想运算放大器的主要特点

集成运算放大器是一种具有高电压放大倍数的直接耦合多级放大电路。理想运算放大器是将运算放大器的各项技术指标理想化,其主要特点包括:开环电压增益 $A_{ud} \to \infty$;输入阻抗 $R_i \to \infty$;输出阻抗 $R_o = 0$;带宽 $f_{BW} \to \infty$。

2)理想运放在线性应用时的两个重要特性

(1)输出电压 u_o 与输入电压 u_i 之间满足关系式:$u_o = A_{ud}(u_+ - u_-)$,由于 $A_{ud} \to \infty$,因此可认为两个输入端之间的差模电压近似为零,即 $u_+ \approx u_-$。由于两个输入端之间的电压近似为零,但又不是短路,故称之为"虚短",如图 2.39 所示。

(2)由于理想集成运放的输入电阻 $R_i \to \infty$,故可以认为两个输入端不取电流,即 $i_+ = i_- \approx 0$,这样输入端相当于断路但不是断开,称之为"虚断"。

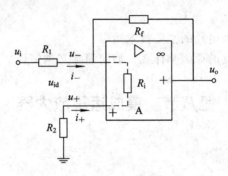

图 2.39　带反馈的运放电路

3)实验用 LM741 型运放简介

本实验采用的 LM741 型运放,是 8 脚双列直插式组件,其引脚如图 2.40(a)所示,符号如图 2.40(b)所示。

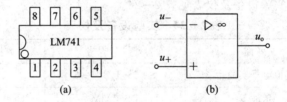

图 2.40　运算放大器符号及引脚图

(a) LM741 引脚图;(b) 运放符号

1 脚和 5 脚为外接调零电位器端子,一般只需在这两个引脚上接入 10 kΩ 电位器,然后接到负电源端即可调零。2 脚为反相输入端,由此接入输入信号,则输出信号与输入信号是反相的。3 脚为同相输入端,由此接入输入信号,则输出信号与输入信号是同相的。6 脚为输出端。7 脚为正电源输入端,可接 +3 V～+18 V 电源。4 脚为负电源输入端,可接 −3 V～−18 V 电源。8 脚为空脚。

2. 反相比例运算电路

图 2.41 是反相比例运算电路,由以上结论可知 $i_1 \approx i_f$,$u_- \approx u_+ = 0$,则

$$i_1 = \frac{u_i - u_-}{R} = \frac{u_i}{R}, \quad i_f = \frac{u_- - u_o}{R_F} = \frac{-u_o}{R_F}$$

即

$$u_o = -\frac{R_F}{R_1} u_i$$

R_2是平衡电阻，为了保持差动放大电路的对称结构，两个输入电路的电阻必须尽可能相等，即 $R_2 = R_1 /\!/ R_F$。

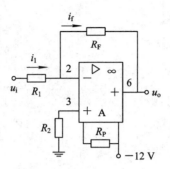

图 2.41　反相比例运算电路

3. 反相加法运算电路

图 2.42 是反相加法运算电路。

$$i_{11} = \frac{u_{i1}}{R_{11}}, i_{12} = \frac{u_{i2}}{R_{12}}, \; i_f = i_{11} + i_{12}, \; u_o = -\left(\frac{R_F}{R_{11}} u_{i1} + \frac{R_F}{R_{12}} u_{i2}\right)$$

若 $R_{11} = R_{12} = R_f$，则

$$u_o = -(u_{i1} + u_{i2})$$

平衡电阻为

$$R_2 = R_{11} /\!/ R_{12} /\!/ R_f$$

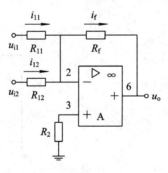

图 2.42　反相加法器运算电路

4. 积分运算电路

图 2.43 是积分运算电路。

因为 $u_- \approx u_+ = 0$，所以

$$i_1 = \frac{u_i}{R_1}$$

$$u_o = -u_C = -\frac{1}{C_f} \int_0^t i_f \mathrm{d}t = -\frac{1}{R_1 C_f} \int_0^t u_i \mathrm{d}t$$

从上式可以看出，u_o 与 u_i 的积分成比例。当 $u_i = U_i$（直流）时，$u_o = -\dfrac{U_i}{R_1 C_f} t$，$u_o$ 是时间 t 的

一次函数，如图 2.44 所示。

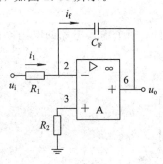

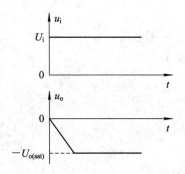

图 2.43　积分运算电路

图 2.44　$u_i = U_i$ 时积分运算电路的响应

5. 微分运算电路

图 2.45 是微分运算电路。

$$i_1 = C_1 \frac{\mathrm{d}u_c}{\mathrm{d}t} = C_1 \frac{\mathrm{d}u_i}{\mathrm{d}t}$$

$$u_o = -i_f R_f = -i_1 R_f$$

故

$$u_o = -R_f C_1 \frac{\mathrm{d}u_i}{\mathrm{d}t}$$

从上式可以看出，u_o 与 u_i 对时间的一阶导数成比例。若输入信号是矩形波，输出波形则是一尖脉冲，如图 2.46 所示。

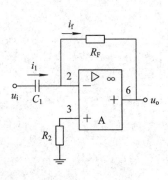

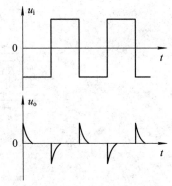

图 2.45　微分运算电路

图 2.46　微分运算电路的响应

五、实验内容

实验前按设计要求选择运算放大器、电阻等元件的参数，看清运算放大器组件各管脚的位置；切忌正、负电源极性接反或输出端短路，否则将会损坏集成块。

1. 电路调零

运算放大器要求输入电压 u_i 为零时，输出电压 u_o 也应为零。但由于晶体管特性和电阻值不可能完全对称，以致造成当实际运算放大器 u_i 为零时，u_o 不为零。因此使用运算放大器前，首先应进行调零。

将直流稳压电源＋12 V、—12 V 作为实验电路的电源。＋12 V 接 741 型运算放大器的 7 脚，—12 V 接 741 型运算放大器的 4 脚。如图 2.41 所示，1 脚、5 脚之间接入一只 10 kΩ 的电位器 R_P，将滑动触头接到负电源端（—12 V），然后将输入端接地（u_i＝0）。调零时，用直流电压表测量输出电压 u_o，调节 R_P，使 u_o＝0 V。R_P 在以下操作中应保持不变。

2. 反相比例运算

反相比例运算电路如图 2.41 所示，取 $R_1＝R_f＝10$ kΩ，$R_2＝R_1 /\!/ R_f＝5$ kΩ。

（1）比例运算。将比例运算电路的输入端 u_i 接直流信号源，调节直流信号源旋钮，改变 u_i 的大小。按表 2 – 25 中的数值改变 u_i，用直流电压表 20 V 量程测量出相应的 u_o。

表 2 – 25　数 据 记 录

u_i/V	0	0.3	0.5	0.7	0.9
u_o/V					

（2）固定 u_i 为 0.5 V，依次改变 R_f 的数值，按表 2 – 26 中的数值测量出相应的 u_o。

表 2 – 26　数 据 记 录

电阻 R_F/kΩ　　　电 压	u_i/V	u_o/V
10		
15	0.5	
100		

3. 反相加法运算

反相加法运算电路如图 2.42 所示，取 $R_{11}＝R_{12}＝R_f＝10$ kΩ，使 $R_2＝R_{11} /\!/ R_{12} /\!/ R_f$，然后将 R_{11} 与 u_{i1} 相连，R_{12} 与 u_{i2} 相连。u_{i1}、u_{i2} 接直流信号源，调节直流信号源旋钮。按表 2 – 27 中给定的输入信号 u_{i1} 和 u_{i2}，测量出相应的 u_o。

表 2 – 27　数 据 记 录

u_{i1}/V	0.5	—0.5
u_{i2}/V	0.3	0.7
u_o/V		

4. 积分运算

按图 2.43 接好线路，取 $R_1＝5.1$ kΩ，$C_f＝1000$ pF。信号发生器输入一个方波（衰减达到 40 dB），频率调到 $f＝300$ Hz，作为积分运算电路的 u_i。用示波器观察输出电压 u_o 的变化情况，并记录其图形。再将频率调到 $f＝50$ Hz 时，观察输出电压 u_o 的波形，并将它们进行比较。

5. 微分运算

按图 2.45 接好线路，取 $C_1＝0.1$ μF，$R_f＝10$ kΩ，$C_f＝0.01$ μF。信号发生器输入一个方波（衰减达到 40 dB），频率调到 $f＝300$ Hz，作为微分运算电路的 u_i。用示波器观察输出

电压 u_o 的变化情况，并记录其图形。

六、预习思考题

(1) 运算放大器应用中"虚短"、"虚断"、"虚地"的概念是什么？如何进行偏差调零？

(2) 根据实验内容提供的电路参数，估算各电路的输出电压理论值。

第九节　集成运算放大器的应用

一、实验目的

利用运算放大器的基本特性，实现多种波形的信号输出。

二、实验设备及仪表

集成运算放大器的应用实验设备及仪表见表 2-28。

表 2-28　实验设备及仪表

序号	名称	型号与规格	数量	备注
1	模拟电子实验台	SAC-TZ101-3	1	
2	示波器	DS5022M	1	
3	交流毫伏表	DF1930A	1	
4	函数信号发生器	DF1641A	1	
5	万用表	UT39A	1	

三、实验线路

实验面板见图 2.3 运算放大器及其应用模块；实验电路见下面实验原理中的相关电路图。

四、实验原理

1. 正弦波发生器

正弦波振荡电路由四个部分组成：放大电路，保证电路能够有从起振到动态平衡的过程，使电路获得一定幅值的输出量，实现能量的控制；选频网络，确定电路的振荡频率，使电路产生单一频率的振荡，即保证电路产生正弦波振荡；正反馈网络，引入正反馈，使输入信号等于反馈信号；稳幅环节，使输出信号幅值稳定。

运算放大器配合适当的外接电路元件，可以构成性能良好的正弦波振荡器。采用运算放大器作为振荡器时，由于其工作频率受到它本身频率特性的限制，常用它来构成频率较低的振荡器，如 RC 桥式振荡器。

RC 桥式振荡器由具有高输入阻抗和低输出阻抗的放大电路 A 和 RC 串并联选频网络 F 组成。

1) RC 串并联选频网络

图 2.47(a) 为 RC 串并联网络组成的桥式振荡电路，即文氏电桥。它在正弦波振荡电路中既为选频网络，又为正反馈网络。

设输入电压为 $\dot{U}_\circ$，输出电压为 $\dot{U}_f$，根据以下分析，幅频特性如图 2.47(b) 所示。

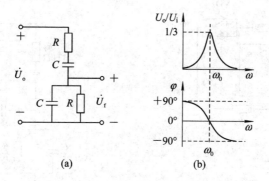

图 2.47　RC 串并联网络及幅频特性

分析可知：

$$F = \frac{\dot{U}_f}{\dot{U}_\circ} = \frac{1}{3 + j\left(\dfrac{\omega}{\omega_0} - \dfrac{\omega_0}{\omega}\right)}$$

由此可得选频网络的幅频响应和相频响应：

$$|F| = \frac{1}{\sqrt{3^2 + \left(\dfrac{\omega}{\omega_0} - \dfrac{\omega_0}{\omega}\right)^2}}$$

当 $\omega = \omega_0 = \dfrac{1}{RC}$ 时，幅频响应幅值最大，$|F_{max}| = \dfrac{1}{3}$；相频响应相位角为零，即 $\phi_f = 0°$。

即当 $\omega = \omega_0 = \dfrac{1}{RC}$ 时，输出电压的幅值最大，且输出电压是输入电压的 1/3，输出电压与输入电压同相位。

2) 放大电路

根据正弦波振荡的平衡条件，即 $AF = 1$，只要给 RC 串并联网络匹配一个电压放大倍数等于 3 的放大电路即可构成正弦波振荡电路，此时放大电路的振荡频率为 $f_0 = \dfrac{1}{2\pi RC}$。

在实际应用中，选择的放大电路应具有尽可能大的输入电阻和尽可能小的输出电阻，以减小放大电路对选频特性的影响，使得振荡频率几乎仅仅取决于选频网络。因此，常选用电压串联负反馈放大电路，如图 2.48 选用了同相比例运算电路。

图 2.48 中同相比例运算电路的比例系数是电压放大倍数，根据起振条件和幅值平衡条件，$A = 1 + \dfrac{R_f}{R_1} \geqslant 3$，即 $R_f \geqslant 2R_1$。由于起振时需 $A > 3$，起振后，要稳定振幅则需要 $A = 3$，因此一般还应在电路中加入非线性环节，用以

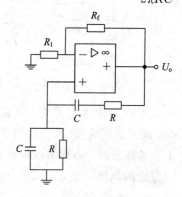

图 2.48　RC 桥式振荡电路

稳定输出电压幅值。如图 2.49 所示，在 R_f 回路中串联两个并联的二极管，使输出电压稳定，此时比例系数为：$A = 1 + \dfrac{R_f + r_d}{R_1}$。在实验中，为方便调节，可将 R_1、R_f 用电位器来代替，如图 2.50 所示。

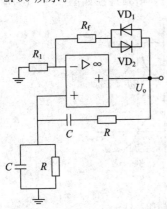

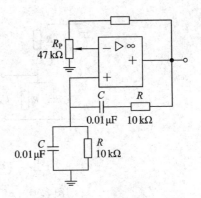

图 2.49　具有稳幅环节的 RC 桥式振荡电路　　　　图 2.50　实验电路

2. 矩形波发生器

矩形波电压只有高电平和低电平两种状态，因此电压比较器是它的重要组成部分。因为产生振荡，就是要求输出的两种状态自动的相互转换，因此在电路必须引入反馈；输出状态需按一定的时间间隔交替变化，即产生周期性的变化，因此在电路中加入延迟环节来确定每种状态维持的时间。

图 2.51 为矩形波发生电路，它由反相输入的滞回比较器和 RC 电路组成。R_1 为双向稳压管 VD_2 的限流电阻，RC 回路既是延迟环节，又是反馈网络，通过 RC 充放电来实现输出状态的自动转换。滞回比较器的输出电压 $u_o = \pm U_Z$，阈值电压 $\pm U_T = \pm \dfrac{R_3}{R_3 + R_2} U_Z$。如图 2.52 所示。

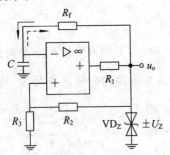

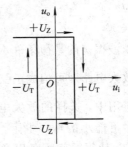

图 2.51　矩形波发生电路　　　　图 2.52　电压传输特性

在图 2.51 所示电路中，电容正向充电和反向充电的时间常数相等，且充电的总幅值也相等。矩形波的宽度 T_k 与周期 T 之比称为占空比，如图 2.53 中输出的矩形波 u_o 是占空比为 1/2 的矩形波。矩形波亦可称方波。

方波的幅值：
$$u_o = \pm U_Z$$

振荡周期:

$$T = 2R_f C \ln\left(1 + \frac{2R_3}{R_2}\right)$$

在实验中,为了方便调节,可将 R_2、R_3 用电位器来代替。如图 2.54 所示。

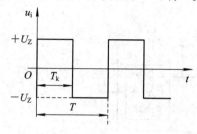

图 2.53　方波波形

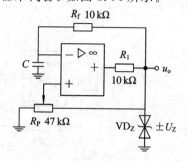

图 2.54　实验电路

3. 三角波发生器

在实验中,将方波发生器的输出电压进行积分运算得到了三角波电压,实验用三角波发生电路如图 2.55 所示,其三角波波形如图 2.56 所示。

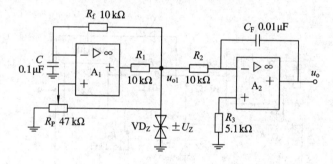

图 2.55　实验用三角波发生电路

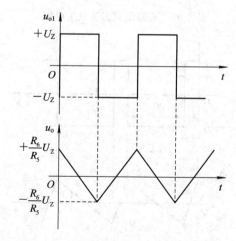

图 2.56　三角波波形

调节电位器 R_P 即可实现对三角波振荡频率、幅值的调整。

4. 锯齿波发生器

在图 2.57 所示的积分电路中，若正、反向积分的时间常数不等，则输出电压 u_o 上升和下降的斜率将不等，就可以得到锯齿波。利用二极管的单向导电性使积分电路两个方向的积分通路不同。

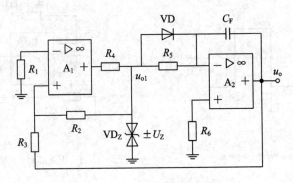

图 2.57　锯齿波发生电路

锯齿波频率和幅值的调节方法与三角波相同，均可通过调节电位器 R_P 实现。实验用锯齿波发生电路如图 2.58 所示，锯齿波波形如图 2.59 所示。

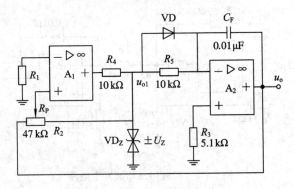

图 2.58　实验用锯齿波发生电路

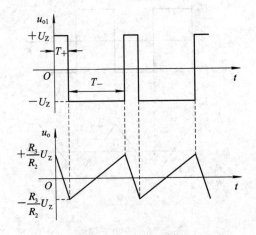

图 2.59　锯齿波波形

五、实验内容

在本实验中，直流稳压电源＋12 V、－12 V 作为实验电路中运算放大器的工作电源。

1. RC 正弦波发生器

按图 2.50 给出的参数接好电路，选 $R=10$ kΩ，$C=0.01$ μF。

调节 R_P（电位器 47 kΩ），使输出电压为完好的正弦波。用示波器观测并记录输出电压 u_o 的波形，在图 2.60 中画出其波形图。用示波器测量其峰峰值并计算出其有效值，将其数据填入表 2-29 中。

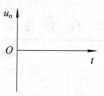

图 2.60 RC 正弦波波形图

表 2 - 29 数 据 记 录

RC 参数	频率 f/Hz	峰峰值 u_o/V	有效值 u_o/V
$R=10$ kΩ，$C=0.01$ μF			
$R=10$ kΩ，$C=0.1$ μF			

改变 RC 参数，将 $R=10$ kΩ，$C=0.1$ μF，用示波器观测输出电压频率的变化。

2. 矩形波发生器

（1）按图 2.54 矩形波发生器实验电路图接好电路。

（2）用示波器观测并记录输出电压 u_o 的波形，在图 2.61 中画出负波形图。测量其峰峰值，将其记入表 2-30 中。

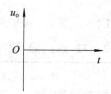

图 2.61 矩形波波形图

表 2 - 30 数 据 记 录

频率 f/Hz	峰峰值 u_o/V
500	
1000	

3. 三角波发生器

（1）按图 2.55 三角波发生器电路图接好电路。

（2）用示波器观测并记录输出电压 $u_。$ 的波形，在图 2.62 中画出其波形图。测量出三角波的峰峰值，将其记入表 2 - 31 中。

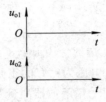

图 2.62　三角波波形图

表 2 - 31　数 据 记 录

频率 f/Hz	峰峰值 $u_。$/V
500	
1000	
1500	

4. 占空比可调的方波及锯齿波发生器

（1）按图 2.58 接好电路。

（2）用示波器观测并记录输出电压 $u_。$ 的波形，在图 2.63 中画出其波形图，测量其峰峰值，将其记入表 2 - 32 中。

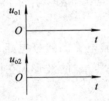

图 2.63　锯齿波波形图

表 2 - 32　数 据 记 录

频率 f/Hz	峰峰值 $u_。$/V
500	
1000	
1500	

六、预习思考题

1. RC 正弦波发生器的工作原理是什么？

2. 根据实验内容提供的电路参数，估算各实验电路输出信号的频率和幅值。

附录　DS5022M 型示波器的使用

示波器是一种电子图示测量仪器，它可以把电压的变化作为一个时间函数描绘出来，它是电压表的一种特殊形式，而且它与一般电压表相比，可以提供更多的信息。示波器作为一种用来分析电信号的时域测量和显示仪器，可以对一个脉冲电压的上升时间、脉冲宽度、重复周期、峰值电压等参数进行测量。

下面就 DS5022M 型示波器进行讲解，以便于更好地使用示波器。

1. DS5000 型系列示波器性能特点

DS5000 系列示波器向用户提供简单而功能明晰的前面板，以进行所有的基本操作。各通道的标度和位置旋钮提供了直观的操作，完全符合传统仪器的使用习惯，用户不必花大量的时间去学习和熟悉示波器的操作即可熟练使用。其性能特点主要包括：

（1）双通道，每通道带宽 200M（DS5202CA），150M（DS5152CA、DS5152C、DS5152MA、DS5152M），100M（DS5102CA、DS5102C、DS5102MA、DS5102M），60M（DS5062CA、DS5062C、DS5062MA、DS5062M），40M（DS5042M），25M（DS5022M）。

（2）高清晰彩色/单色液晶显示系统，分辨率为 320×240。

（3）单次采样 1GSample/second（DS5000CA 系列、DS5000MA 系列）/250MSample/second（DS5000C 系列、DS5000M 系列），等效采样率 50GSample/second。

（4）自动波形、状态设置（AUTO）。

（5）波形、设置存储和再现。

（6）精细的延迟扫描功能，轻易兼顾波形细节与概貌。

（7）自动测量 20 种波形参数。

（8）自动光标跟踪测量功能。

（9）独特的波形录制和回放功能。

（10）内嵌 FFT。

（11）实用的数字滤波器，包含低频滤波器 LPF，高通滤波器 HPF，带通滤波器 BPF，陷波滤波器 BRF。

（12）50 Ω/1 MΩ 输入阻抗选择，以便观测高速信号。

（13）Pass/Fail 检测功能。

（14）多重波形数学运算功能。

（15）边沿、视频和脉宽触发功能。

（16）多国语言菜单显示。

2. DS5022M 型示波器面板结构及说明

　　DS5022M 型示波器提供了简单且功能明晰的前面板，如附图 1 所示，面板上包括旋钮和功能按键。旋钮的功能与其他示波器类似。显示屏右侧的一列 5 个灰色按键为菜单操作键（自上而下定义为 1～5 号），通过这五个按键可以设置当前菜单的不同选项。其他按键为功能键，通过它们，可以进入不同的功能菜单或直接获得特定的功能应用。如附图 2 所示。

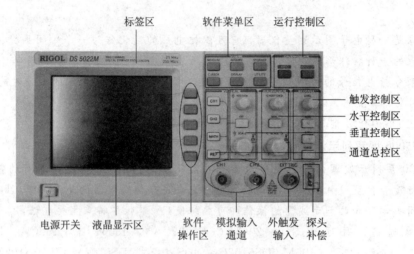

附图 1　DS5022M 型数字示波器前面板

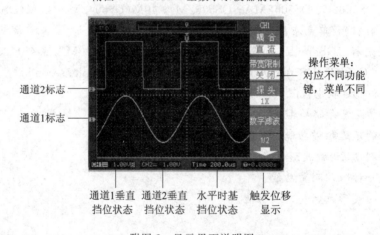

附图 2　显示界面说明图

3. DS5022M 型数字示波器的检查与校准

　　（1）接通仪器电源。电线的供电电压为 100～240 V 交流电，频率为 50 Hz。接通电源后，仪器开始执行所有自检项目，并确认通过自检，按"STORAG"按钮，用菜单操作键从顶部菜单框中选择存储类型，然后调出出厂设置菜单框。

　　（2）示波器接入信号以后的步骤：

　　① 用示波器探头将信号接入通道 1（CH1），如附图 3 所示。将探头上的开关设定为 10X，如附图 4 所示，并将示波器探头与通道 1 连接。把探头连接器上的插槽对准 CH1 同轴电缆插接件（BNC）上的插口并插入，然后向右旋转以拧紧探头。

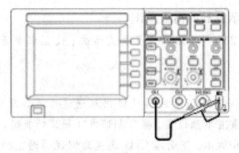

附图 3　示波器接入信号

② 示波器需要输入探头衰减系数。此衰减系数改变仪器的垂直挡位比例，从而使得测量结果正确反映被测信号的电平。（注：默认的探头菜单衰减系数设定值为 10X），如附图 4 所示。

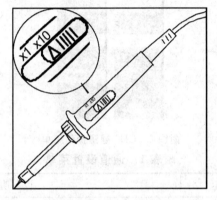

附图 4　探头衰减系数设置

设置探头衰减系数的方法如下：按 CH1 功能键显示通道 1 的操作菜单，应用与探头项目平行的 3 号菜单操作键，选择与使用的探头同比例的衰减系数，如附图 5 所示。此时设定应为 10X。

③ 把探头端部和接地夹接到探头补偿器的连接器上，按 "AUTO"（自动设置）按钮。几秒钟内，可见到方波显示（1 kHz，约 3 V，峰到峰）。

④ 以同样的方法检查通道 2（CH2）。按 "OFF" 功能按钮以关闭通道 1，按 "CH2" 功能按钮以打开通道 2，重复步骤② 和步骤③。

（3）波形显示的自动设置。DS5022M 系列数字存储示波器具有自动设置的功能。根据输入的信号，可自动调整电压

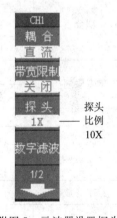

附图 5　示波器设置探头
衰减系数

倍率、时基，以及触发方式至最好形态显示。应用自动设置要求被测信号的频率大于或等于 50Hz，占空比大于 1%。

① 将被测信号连接到信号输入通道。

② 按下 "AUTO" 按钮。示波器将自动设置垂直、水平和触发控制。如需要，可手工调整这些控制使波形显示达到最佳。

4. DS5022M 型数字示波器的高级操作

这里主要介绍 DS5022M 型示波器设置垂直系统、设置水平系统、存储和调出、自动测量等高级操作。

1）垂直系统的设置

（1）通道的设置。DS5022M 型示波器可提供双通道输入，每个通道都有独立的垂直菜单，每个项目都按不同的通道单独设置。按"CH1"或"CH2"功能键，系统将显示 CH1 或 CH2 通道的操作菜单，如附图 6 所示。下面以 CH1 通道为例说明通道的设置，见附表 1 和附表 2。

附图 6　CH1 通道操作菜单

附表 1　通道设置菜单

功能菜单	设定	说　明
耦合	交流	阻挡输入信号的直流成分
	直流	通过输入信号的交流和直流成分
	接地	断开输入信号
带宽限制	打开	限制带宽至 20 MHz，以减少显示噪音
	关闭	满带宽
探头	1X	根据探头衰减因数选取其中一个值，以保持垂直标尺读数准确
	10X	
	100X	
	1000X	
数字滤波		设置数字滤波（见附表 3）
（下一页）	1/2	进入下一页菜单
挡位调节	粗调	粗调，按 1－2－5 进制设定垂直灵敏度
	细调	细调是在粗调设置范围之间进一步细分，以改善分辨率
反相	打开	打开波形反向功能
	关闭	波形正常显示
输入	1 MΩ	设置通道输入阻抗为 1MΩ
	50 Ω	设置通道输入阻抗为 50 Ω

附表 2 设置数字滤波功能

功能菜单	设 定	说 明
数字滤波	关闭	关闭数字滤波器
	打开	打开数字滤波器
滤波类型		设置滤波器为低通滤波
		设置滤波器为高通滤波
		设置滤波器为带通滤波
		设置滤波器为带阻滤波
频率上限		调节水平 POSITION，设置上限频率
频率下限		调节水平 POSITION，设置下限频率

(2) 数学运算功能。数学运算(MATH)功能可实现 CH1、CH2 通道波形相加、相减、相乘以及进行 FFT 运算的结果。数学运算的结果同样可以通过栅格或游标进行测量。按"MATH"功能键，系统进入数学运算界面。数学运算具体功能菜单说明见附表 3。

附表 3 数学运算功能菜单说明

功能菜单	设定	说 明
操作	A+B	信源 A 与信源 B 波形相加
	A−B	信源 A 波形减去信源 B 波形
	A*B	信源 A 与信源 B 波形相乘
	A/B	信源 A 波形除以信源 B 波形
	FFT	FFT 数学运算
信源 A	CH1	设定信源 A 为 CH1 通道波形
	CH2	设定信源 A 为 CH2 通道波形
信源 B	CH1	设定信源 B 为 CH1 通道波形
	CH2	设定信源 B 为 CH2 通道波形
反相	打开	打开数学运算波形反相功能
	关闭	关闭反相功能

2) 水平系统的设置

使用水平控制钮可改变水平刻度(时基)、触发在内存中的水平位置(触发位移)、触发电路重新启动的时间间隔(触发释抑)。屏幕水平方向上的中心是波形的时间参考点，改变水平刻度会导致波形相对屏幕中心扩张或收缩，水平位置改变，波形相对于触发点的位置也会改变。

（1）水平系统功能键：

① 水平 POSITION 功能键：调整通道波形（包括数学运算）的水平位置。这个控制按钮的解析度根据时基而变化。

② 水平 SCALE 功能键：调整主时基或延迟扫描（Delayed）时基，即秒/格（s/div）。当延迟扫描被打开时，将通过改变水平 SCALE 旋钮改变延迟扫描时基而改变窗口宽度。

③ 水平 MENU 功能键：系统将显示水平系统操作菜单，如附图 7 所示，具体功能说明见附表 4。

附图 7　水平系统操作菜单

（2）水平系统设置界面的各标志说明。水平系统设置界面如附图 8 所示，各标志说明如下：

① "[ ]"标志代表当前的波形视窗在内存中的位置。

② ▨ 标识代表触发点在内存中的位置。

③ ▨ 标识代表触发点在当前波形视窗中的位置。

④ Time 100.0ns 标志代表水平时基（主时基）显示，即"秒/格"（s/div）。

⑤ ▣→-200.0ns 标志代表触发位置相对于视窗中点的水平距离。

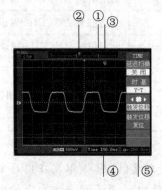

附图 8　水平系统设置界面

附表 4　水平系统设置菜单

功能菜单	设定	说　　　明
延迟扫描	打开	进入 Delayed 波形延迟扫描
	关闭	关闭延迟扫描
格式	Y-T	Y-T 方式显示垂直电压与水平时间的相对关系
	X-Y	X-Y 方式在水平轴上显示通道 1 幅值，在垂直轴上显示通道 2 幅值
 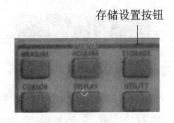	触发位移	调整触发位置在内存中的水平位移
	触发释抑	设置可以接受另一触发事件之前的时间量
触发位移复位		调整触发位置到中心 0 点
触发释抑复位		设置触发释抑时间为 100 ns

3）存储和调出

如附图 9 所示，在 MENU 控制区（即软件菜单区）的"STORAGE"为存储系统功能按钮。

存储设置按钮

附图 9　存储功能按键

使用"STORAGE"按钮弹出如附图 10 的存储设置菜单。通过菜单控制按钮设置存储/调出或保存。存储菜单功能说明见附表 5。

附图 10　存储设置菜单

附表 5　存储菜单功能说明

功能菜单	设定	说　明
存储类型	波形存储	设置保存、调出波形操作
	出厂设置	设置调出出厂设置操作
	设置存储	设置保存、调出设置操作
波形	NO. 1	设置波形存储位置
	NO. 2	
	…	
	NO. 10	
调出		调出出厂设置或指定位置的存储文件
保存		保存波形数据到指定位置

4）自动测量

如附图 11 所示，在 MENU 控制区（即软件菜单区）的 MEASURE 为自动测量功能按钮。

自动测量按钮

附图 11　自动测量功能按钮

按"MEASURE"自动测量功能键，系统将会显示自动测量操作菜单。DS5022M 型示波器具有 20 种自动测量功能，包括峰峰值、最大值、最小值、顶端值、底端值、幅值、平均值、均方根值、过冲、预冲、频率、周期、上升时间、下降时间、正占空比、负占空比、上升沿延迟、下降沿延迟、正脉宽和负脉宽的测量，其中有 10 种电压测量和 10 种时间测量。

第 3 章　数字电子技术实验

第一节　数字电路实验系统简介

数字电路实验系统功能布局如图 3.1 所示，简要介绍如下。

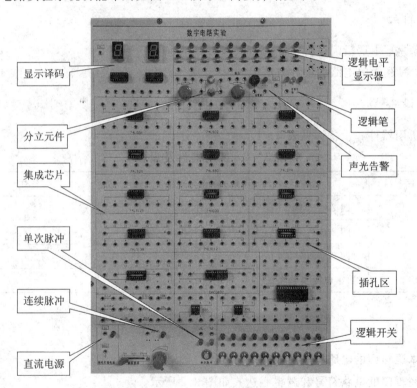

图 3.1　数字电路实验系统功能布局

1. 逻辑开关

10 个逻辑开关可以上下扳动来设置需要的逻辑量。置于上方为 1，下方为 0。各逻辑开关插孔可分别与对应芯片输入端相接，设置需要的逻辑量。

2. 逻辑电平显示器

10 个逻辑电平 LED 显示器用于显示电平高低。将预观察的逻辑信号与逻辑电平显示器相接，可显示出逻辑状态，LED 灭对应低电平 0，LED 亮对应高电平 1。

3. 频率连续可调脉冲信号源

频率连续可调的脉冲信号源可通过调节波段开关和电位器，使发出的脉冲信号频率从 1 Hz 到 20 kHz 连续调节。

4. 插孔区

插孔区提供了 8、14、16、18、20、28 脚等 DIP 插座，方便各种集成芯片的插接。

注意：芯片缺口标志朝左插接，管脚依逆时针排列，各管脚均无接线。

5. 直流电源

实验系统采用 220 V 交流电变换输出＋5 V 直流电源。

第二节　基本逻辑门的逻辑功能测试及应用

一、实验目的

（1）掌握基本逻辑门逻辑功能的测试方法。
（2）学习逻辑门电路的设计方法。

二、实验设备

实验所用器件和设备详见表 3-1。

表 3-1　实验器件及设备

序号	名称	型号与规格	数量	备注
1	四 2 输入与非门	74LS00	1	
2	四 2 输入或非门	74LS02	1	
3	四 2 输入异或门	74LS86	1	
4	数字电路实验系统	SAC - TZ101 - 3	1	

三、实验原理

1. 基本逻辑门的电路符号及逻辑表达式

基本逻辑门的电路符号和逻辑表达式如图 3.2 所示。

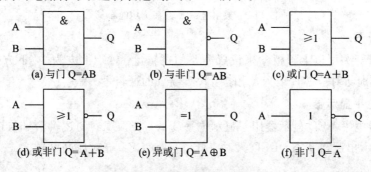

(a) 与门 Q=AB　　(b) 与非门 Q=$\overline{AB}$　　(c) 或门 Q=A+B

(d) 或非门 Q=$\overline{A+B}$　　(e) 异或门 Q=A⊕B　　(f) 非门 Q=$\overline{A}$

图 3.2　基本门电路符号及逻辑表达式

2. 本实验采用的集成器件

本实验使用的集成器件引脚图如图 3.3～ 3.5 所示。

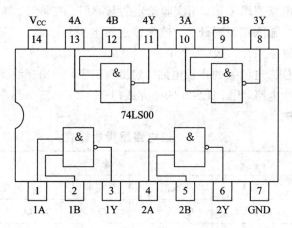

图 3.3 与非门 74LS00 引脚图

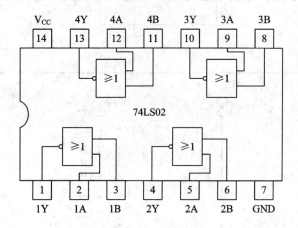

图 3.4 或非门 74LS02 引脚图

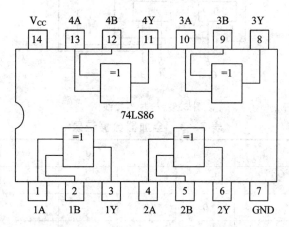

图 3.5 异或门 74LS86 引脚图

四、实验内容

(1) 验证基本门电路逻辑关系。用实验给定的与非门、或非门、异或门需经连接后,方可验证以下逻辑关系。输入接逻辑开关,输出接逻辑电平显示器。按表 3-2 所示设置 A、B 的逻辑状态,将观察结果计入表 3-2 中。

(2) 自行设计一位二进制数的比较电路,列出真值表,画出接线图,并测试检验。

(3) 按图 3.6 连接电路,用 74LS86 两个异或门、74LS00 三个与非门实现全加器功能,将数据填入表 3-3 中。

表 3-2 门电路逻辑功能表

输 入		输　　　出				
		与门	或门	与非门	异或门	非门
B	A	$Q=AB$	$Q=A+B$	$Q=\overline{AB}$	$Q=A \oplus B$	$Q=\overline{A}$
0	0					
0	1					
1	0					
1	1					

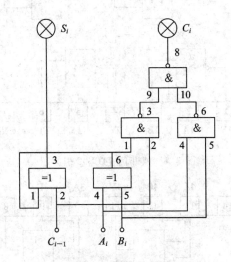

图 3.6　全加器接线图

表 3-3 全加器数据记录

A_i	0	1	0	1	0	1	0	1
B_i	0	0	1	1	0	0	1	1
C_{i-1}	0	0	0	0	1	1	1	1
S_i								
C_i								

五、预习思考题

（1）本实验所用器件的电压等级是多少？输入信号由什么提供？输出信号怎么显示？

（2）如何用与非门、或非门实现非逻辑？

第三节　器件的电压传输特性

一、实验目的

（1）理解 TTL、CMOS 集成电路参数的物理意义。

（2）掌握 TTL、CMOS 与非门的电压传输特性。

二、实验设备

实验所用的器件和设备详见表 3－4。

表 3－4　实验所用器件及设备

序号	名　称	型号与规格	数量	备注
1	TTL 四 2 输入与非门	74LS00	1	
2	CMOS 四 2 输入与非门	74HC00	1	
3	数字电路实验系统	SAC－TZ101－3	1	
4	万用表	UT39A	1	

三、实验原理

电压传输特性是指输出电压与输入电压之间的关系曲线。从输入和输出电压变化的关系中可以了解到关于 TTL 门电路主要运行参数及测试方法，并根据测试结果了解器件性能。

主要参数及定义：

（1）输出高电平 V_{OH}：输出端空载 V_{OH} 的典型值为 3.5 V，标准高电平 $V_{SH}=2.4$ V。

（2）输出低电平 V_{OL}：输出端空载 V_{OL} 的标准低电平 $V_{SL}=0.4$ V。

（3）开门电平 V_{ON}：开门电平是指在额定负载下，使输出电平达到标准低电平 V_{SL} 的输入电平，典型值为 1.5 V。

（4）关门电平 V_{OFF}：关门电平是指输出空载时，使输出电平达到标准高电平 V_{SH} 的输入电平，典型值为 1 V。

（5）门槛电压（阈值电压）V_{TH}：门槛电压是区分高电平和低电平界限的电压值。

常用集成逻辑器件有 TTL 和 CMOS 两大类。TTL 与非门对电源电压要求较为严格，一般为 5 V±10%，阈值电压约为 1.4 V。CMOS 集成电路电源电压工作范围宽，通常为 3～18 V，阈值电压近似等于 $V_{CC}/2$，CMOS 器件功耗小，易于实现大规模集成。本实验选用 TTL 型与非门 74LS00，CMOS 型与非门 74HC00，其引脚分配见图 3.3。

四、实验内容

测试与非门 74LS00 和 74HC00 的电压传输特性，其测试接线图如图 3.7 所示。

(1) 接通器件电源。

(2) 与非门一端接 +5 V，另一端接 0~2 V 输入电压。

(3) 输入电压从 0 V 变换到 2 V(间隔 0.2 V)，测量与非门的输入电压与输出电压，将测量数据记入表 3-5 中。

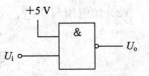

图 3.7 与非门传输特性测试图

表 3-5 与非门电压传输特性测试记录

输入电压/V										
74LS00										
74HC00										

五、预习思考题

(1) TTL、CMOS 集成电路 V_{OH}、V_{OL}、V_{ON}、V_{OFF}、V_{TH} 的物理意义分别是什么？

(2) 与非门不用的输入端应如何处理？

第四节　三态门的功能测试及应用

一、实验目的

(1) 理解三态门的器件特性。

(2) 掌握三态门的应用。

二、实验设备

实验所用器件和设备详见表 3-6。

表 3-6 实验所用器件及设备

序号	名称	型号与规格	数量	备注
1	三态输出的四总线缓冲门	74LS125	1	
2	数字电路实验系统	SAC-TZ101-3	1	

三、实验原理

三态门除了有 0、1 两种状态以外，还有第三种状态——高阻抗状态。高阻态时的输出阻抗非常大，相当于输出和它连接的电路处于断开的状态。三态门由使能信号决定是否高组态。本实验选用三态输出的四总线缓冲门 74LS125，其引脚图如图 3.8 所示，使能信号低电平有效，当使能信号为低电平时，输出等于输入；当使能信号为高电平时，输出高阻态。利用此特点可构成计算机的总线结构。

四、实验内容

1. 测试三态门逻辑功能

图 3.8 为三态输出的四总线缓冲门 74LS125 引脚排列，接入工作电源，输入端和使能控制端各接一只逻辑开关，输出端接逻辑笔（注意逻辑笔区接入电源方可工作）。接线如图 3.9 所示，测试其逻辑功能，结果记入表 3 - 7 中，高阻态须用文字标出。

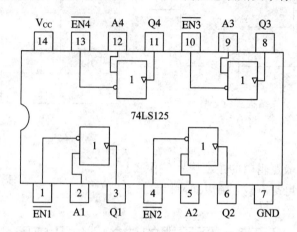

图 3.8　74LS125 引脚图

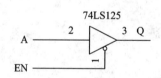

图 3.9　三态门逻辑功能接线图

表 3 - 7　三态门逻辑功能测试表

A	EN	Q	现象
0	0		
1	0		
0	1		
1	1		

2. 三态门对负载的影响

三态门带负载接线如图 3.10 所示，A、B、EN 端接逻辑开关，Y 接逻辑电平显示器，测试三态门不同状态时对应负载与非门的输出值。将测量结果记录在表 3 - 8 中。

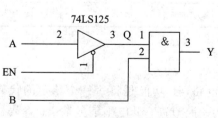

图 3.10　三态门逻辑功能接线图

表 3 - 8　三态门对负载的影响

EN	A	B	Y
0	0	0	
0	0	1	
0	1	0	
0	1	1	
1	×	1	

3. 多路信号控制电路

按图 3.11 接线，A、B 端接逻辑开关，CP 接 1 Hz 的连续脉冲，Q 接逻辑电平显示器。改变使能信号的电平，观察总线的逻辑状态，将结果记入表 3－9 中。

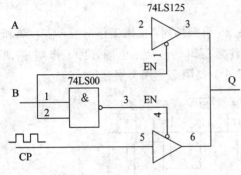

图 3.11　总线结构实验电路

表 3－9　总线结构功能测试表

A	B	CP	Q
0	0		
1	0		
0	1		
1	1		

五、预习思考题

(1) 三态门和一般逻辑门的主要区别是什么？

(2) 若使能端高电平有效，则应如何控制三态门？

第五节　译码器的功能测试及应用

一、实验目的

(1) 掌握译码器、数码管的逻辑功能及其使用方法。

(2) 熟悉译码器的基本应用。

二、实验设备

实验所用器件和设备详见表 3－10。

表 3－10　实验器件及设备

序号	名　　称	型号与规格	数量	备注
1	3－8 译码器	74LS138	1	
2	双 4 输入与非门	74LS20	1	
3	数字电路实验系统	SAC－TZ101－3	1	

三、实验原理

译码器是一个多输入、多输出的组合逻辑电路，其功能是将每一个给定的代码进行"翻译"，变成相应的状态，使输出通道中相应的一路有高、低电平信号输出。译码器在数字系统中有广泛的用途，不仅用于代码的转换和终端的数字显示，还用于数据分配、存储器寻址和组合控制信号等。不同的功能可选用不同种类的译码器。

按照用途分类可分为变量译码器、码制变换译码器和显示译码器。本实验所用的 74LS138 是变量译码器，其引脚分配如图 3.12 所示，其中，A_0、A_1、A_2 为三个地址输入端；$\overline{Y}_0 \sim \overline{Y}_7$ 为八个输出端；S_1、$\overline{S}_2$、$\overline{S}_3$ 为使能端。当 $S_1 = 1$、$\overline{S}_2 = \overline{S}_3 = 0$ 时，译码器处于工作状态，根据 A_0、A_1、A_2 的取值，输出端只有一个为 0，其他为 1；当 $S_1 = 0$，$\overline{S}_2 = \overline{S}_3 = 1$ 时，译码器处于禁止状态，输出全为 1。常用的变量译码器型号有 74LS138、74LS139、74LS154、74LS145 等。

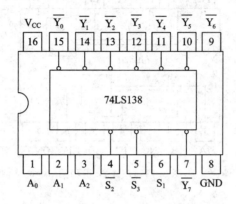

图 3.12　74LS138 引脚图

四、实验内容

1. 测试 74LS138 译码器的逻辑功能

接入工作电源，3 个使能信号 S_1、$\overline{S}_2$、$\overline{S}_3$ 和 3 个译码输入 A_0、A_1、A_2，按顺序分别接至 6 个逻辑电平开关，$\overline{Y}_0 \sim \overline{Y}_7$ 按顺序分别接至 8 个逻辑电平显示器。按表 3–11 中输入端设置逻辑状态，逐项测试 74LS138 译码器输出逻辑功能，并将结果记入表 3–11 中。

表 3–11　74LS138 译码器逻辑功能表

输入端					输出端							
S_1	$\overline{S}_2 + \overline{S}_3$	A_2	A_1	A_0	$\overline{Y}_0$	$\overline{Y}_1$	$\overline{Y}_2$	$\overline{Y}_3$	$\overline{Y}_4$	$\overline{Y}_5$	$\overline{Y}_6$	$\overline{Y}_7$
0	×	×	×	×								
×	0	×	×	×								
1	0	0	0	0								
1	0	0	0	1								
1	0	0	1	0								
1	0	0	1	1								
1	0	1	0	0								
1	0	1	0	1								
1	0	1	1	0								
1	0	1	1	1								

2. 用译码器 74LS138 和与非门 74LS20 设计全加器

74LS138 的 3 个输入端作为全加器的被加数、加数及低位向高位的进位位，74LS20 的 2 个输出端作为全加器的输出及本位进位输出。74LS20 的引脚分配见图 3.13。写出全加器的真值表，设计实验电路图并测试检验。

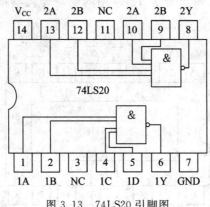

图 3.13　74LS20 引脚图

五、预习思考题

(1) 如何令 74LS138 译码器进入禁止状态? 此时会出现什么现象?

(2) 译码器的基本功能是什么?

第六节　触发器、计数器、译码显示电路

一、实验目的

(1) 掌握 D 触发器构成的二进制计数器。

(2) 熟悉集成计数器 74LS90 的逻辑功能及译码显示电路的构成。

二、实验设备

实验所用器件和设备详见表 3-12。

表 3-12　实验器件及设备

序号	名称	型号与规格	数量	备注
1	双 D 触发器	74LS74	1	
2	异步二-五-十计数器	74LS90	1	
3	数字电路实验系统	SAC - TZ101 - 3	1	

三、实验原理

1. D 触发器

触发器是构成时序逻辑电路的主要单元，它具有两个稳态，在时钟作用下可以翻转。

D 触发器只有一个数据输入端 D，逻辑符号见图 3.14。异步置位控制端 $\overline{S}_D$ 置 1，复位控制端 $\overline{R}_D$ 清零，特性方程为：$Q^{n+1}=D^n$，触发器的状态只取决于时钟到来时 D 端的状态，即状态随 D 转变，其输出状态的更新发生在 CP 脉冲的上升沿，故又称为上升沿触发的边沿触发器。D 触发器可用于寄存器、移位寄存器和分频器等。

常用的集成器件型号为 74LS74、74LS174、74LS175、74LS377、CD4013、CD4042。

本实验采用 74LS74 双 D 触发器，它是上升边沿触发的 D 触发器。异步置位控制端 $\overline{S}_D$ 和复位控制端 $\overline{R}_D$ 均为低电平有效。因此触发器工作时两个控制端都必须接高电平。74LS74 引脚如图 3.15 所示。

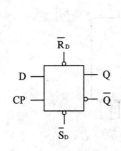

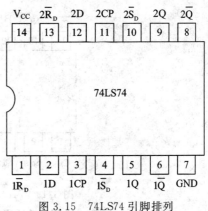

图 3.14　D 触发器符号　　　　　　　　图 3.15　74LS74 引脚排列

2. 计数器

计数器是一个用以实现计数功能的时序部件，由触发器构成，在时钟脉冲作用下，累计脉冲个数。

1）触发器构成的二进制计数电路

如图 3.16 所示，将一块 D 触发器 $\overline{Q}$ 端与 D 端相连构成一位二进制计数器。图 3.17 是一位二进制计数器时序图。由时序图可知，状态 Q 实际上是对时钟 CP 的二分频，因此计数器的模也是分频系数。第三个脉冲之后重复上述动作，称计数器完成一个计数循环。一位二进制计数器只能对 0、1 计数，为扩大计数器范围，常用多个二进制计数器级联使用。

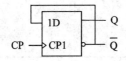

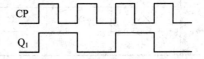

图 3.16　一位二进制计数器接线　　　　　图 3.17　一位二进制计数器时序图

2）集成计数器

集成计数器型号很多，不同型号的集成计数器完成不同的功能，以供使用者选用。本实验选用 74LS90 型二-五-十进制异步计数器。图 3.18 所示为 74LS90 计数器的内部逻辑框图。

74LS90 计数器引脚排列如图 3.19 所示，Q_A 是二进制计数器的输出端，$\overline{CP}_A$ 为计数脉冲；Q_D、Q_C、Q_B 为五进制计数器的输出端，$\overline{CP}_B$ 为时钟脉冲。$R_{0(1)}$、$R_{0(2)}$ 称为异步复位（清零）端，$S_{9(1)}$、$S_{9(2)}$ 称异步置 1 端，均为高电平有效。其功能如表 3-13 所示。

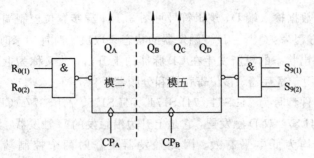

图 3.18　74LS90 计数器的内部逻辑框图

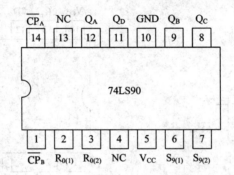

图 3.19　74LS90 计数器的引脚排列图

表 3-13　74LS90 异步计数器逻辑功能表

输　　入				输　　出			
复　位　端		置　位　端		Q_3	Q_2	Q_1	Q_0
$R_{0(1)}$	$R_{0(2)}$	$S_{9(1)}$	$S_{9(2)}$				
1	1	0	×	0	0	0	0
1	1	×	0	0	0	0	0
×	×	1	1	1	0	0	1
0	×	0	×				
×	0	×	0		计　　数		
0	×	×	0				
×	0	0	×				

　　两个计数器独立使用，分别构成二进制计数器和五进制计数器。两个计数器级联使用，若二进制计数器作为计数低位，五进制计数器作为计数高位，则可构成一个 8421 码的十进制计数器；若五进制计数器作为计数低位，二进制计数器作为计数高位，则可构成一个 5421 码的十进制计数器。本实验采用 8421 码的十进制计数器。

四、实验内容

1. 74LS74 触发器的逻辑功能测试

　　将双 D 触发器中的一个触发器的复位端 $\overline{R}_D$ 与异步置位端 $\overline{S}_D$ 接逻辑开关，D 端也接逻辑开关，在 CP 端加入上沿触发单次脉冲信号，输出端 Q 接逻辑电平指示器。接通＋5V 直流电源，手动输入 CP 端单次脉冲，按表 3－14 测试逻辑功能，将结果记入表 3－14 中。

表 3－14　74LS74 触发器功能测试表

$\overline{S}_D$	$\overline{R}_D$	D	Q_n	CP	Q_{n+1}
0	1	×	×	×	
1	0	×	×	×	
1	1	0	0	↑	
1	1	0	1	↑	
1	1	1	0	↑	
1	1	1	1	↑	

2. D 触发器构成的 2 位异步二进制计数器

实验接线如图 3.20 所示，将两块 D 触发器按异步加法计数器级联，低位 D 触发器 CP 端加入上沿触发单次脉冲信号，两输出端 Q 各接 1 只逻辑电平指示器。接通工作电源，输入 CP 信号，观察 Q 状态并记入表 3－15 中。

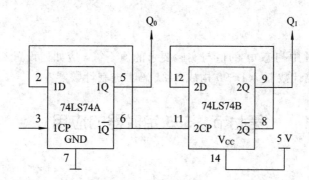

图 3.20　异步二进制加法计数器实验接线图

表 3－15　二进制加法计数器态序表

1CP	Q_1	Q_0
0		
1		
2		
3		
4		

3. 74LS90 构成的 8421 码十进制计数器

按图 3.21 接线，将时钟端 $\overline{CP}_A$ 接入单次下沿触发脉冲，输出端 Q_D、Q_C、Q_B、Q_A 分别与译码显示电路的 D、C、B、A 对应相接。手动输入单次脉冲，观察相应数码管显示字符，记录计数器工作状态于表 3－16 中。

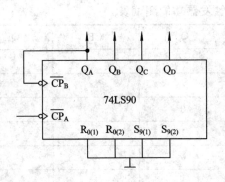

图 3.21　74LS90 构成的 8421 十进制计数器

表 3 - 16　8421 十进制计数器态序表

CP	Q_D	Q_C	Q_B	Q_A	数码
0					
1					
2					
3					
4					
5					
6					
7					
8					
9					
10					

五、预习思考题

(1) 若 D 触发器中初态 Q^n 的值与实验要求的值不符,应如何设置?

(2) 如何用集成计数器 74LS90 构成 5421 码十进制计数器?

第七节　555 定时器的应用

一、实验目的

(1) 掌握 555 定时器的构成及工作原理。

(2) 熟悉 555 定时器的应用。

二、实验设备

实验所用器件和设备详见表 3 - 17。

表 3 - 17　实验器件及设备

序号	名　称	型号与规格	数量	备　注
1	555 定时器	555N	1	
2	数字示波器	DS5022M	1	
3	数字电路实验系统	SAC - TZ101 - 3	1	

三、实验原理

555 定时器是一种数字、模拟混合型集成器件,外接适当的 R、C 元件可构成各种功能不同的时基电路。555 定时器有 TTL 型（产品型号 555、556）和 CMOS 型（产品型号 555、556）两大类，这两类定时器结构及工作原理基本相同，逻辑功能和引脚排列完全相同。

1. 555 定时器工作原理

555 定时器电路的内部逻辑如图 3.22 所示，含有两个电压比较器、一个基本 RS 触发器和一个放电开关管 V。3 只 5 kΩ 电阻构成分压器，使高电平比较器 A1 的同相输入端和低电平比较器 A2 的反相输入端的参考电平为 $2V_{CC}/3$ 和 $V_{CC}/3$。A1 与 A2 的输出端控制 RS 触发器状态和放电管开关状态。其引脚排列如图 3.23 所示。当高电平触发输入端（6脚）超过参考电平 $2V_{CC}/3$ 时，触发器复位，555 的 3 脚输出低电平，同时放电开关管导通；当低电平触发输入（2脚）低于 $V_{CC}/3$ 时，触发器置位，555 的 3 脚输出高电平，同时放电开关管截止。

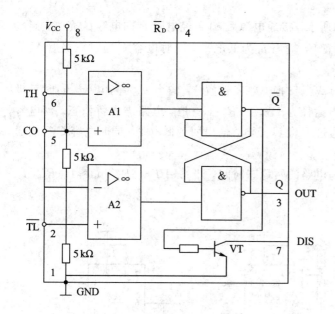

图 3.22　555 定时器内部逻辑图

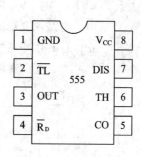

图 3.23　555 定时器引脚排列图

2. 555 定时器引脚功能

① 脚 GND：外接电源负端 V_{SS} 或接地，一般情况下接地。

② 脚 $\overline{TL}$：低电平触发端。该端输入电压低于 $V_{CC}/3$ 时，输出为 1。

③ 脚 OUT：输出端。输出为 1 时，u_o 的电压比电源电压 V_{CC} 低 2 V 左右。

④ 脚 $\overline{R_D}$：直接清零端。该端低电平电路输出为 0，工作时应接高电平。

⑤ 脚 CO：控制电压端。该端外接电压可改变内部两个比较器的基准电压；当该端不用时，应串入一只 0.01 μF 电容接地，以防干扰。

⑥ 脚 TH：高电平触发端。该端输入电压高于 $2V_{CC}/3$ 时，输出为 0。

⑦ 脚 DIS：放电端。该端与放电管集电极相连，提供外接电容的放电路径。

⑧ 脚 V_{CC}：外接电源。

当 CO 端不用时，得到的 555 集成定时器的功能表如表 3-18 所示。

表 3 - 18　555 集成定时器的功能表

$\overline{R}_D$	TH	$\overline{TL}$	OUT	V
0	×	×	0	导通
1	大于 $2/3V_{CC}$	大于 $1/3V_{CC}$	0	导通
1	小于 $2/3V_{CC}$	小于 $1/3V_{CC}$	1	截止
1	小于 $2/3V_{CC}$	大于 $1/3V_{CC}$	保持	保持

3. 555 定时器的基本应用

1) 单稳态触发器

单稳态电路的组成如图 3.24(a)所示。接通电源后，V_{CC} 经电阻 R 向电容 C 充电，当电容电压 u_C 上升到 $2V_{CC}/3$ 时，触发器置 0，输出 u_o 为低电平，同时电容 C 通过三极管 V 放电，此时电路处于稳态。

当低电平触发端 $\overline{TL}$ 外接信号 $u_i < V_{CC}/3$ 时，触发器置 1，输出 u_o 为高电平，同时三极管 V 截止，此时电容 C 被充电，充电途径为 $+V_{CC} \rightarrow R \rightarrow C \rightarrow$ 地，电路进入暂稳态。当电容电压 u_C 上升到 $2V_{CC}/3$ 时，V_{CC} 再次通过 R 向 C 充电，输出回到低电平，同时电容 C 很快通过三极管 V 放电，电路恢复稳态。

单稳态电路的输出脉冲宽度即为电路的暂稳态时间，即 $t_{po} = T_w = RC \ln 3 \approx 1.1RC$，$t_{po}$ 取决于外部 RC 定时元件的参数。

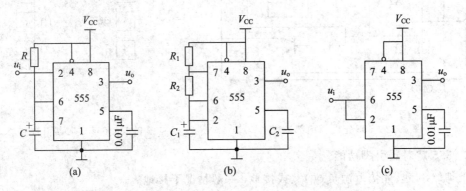

图 3.24　555 集成定时器构成单稳态触发器

(a) 单稳态触发器的电路图；(b) 多谐振荡器电路图；(c) 施密特触发器电路图

2) 多谐振荡器

多谐振荡器的电路如图 3.24(b)所示。接通电源后，V_{CC} 经 R_1、R_2 向 C 充电。当电容电压 $u_c > 2V_{CC}/3$ 时，触发器置 0，输出电压 $u_o = 0$。同时放电管 V 导通，电容 C 通过 R_2 放电，当电容电压 $u_c < V_{CC}/3$ 时，触发器置 1，输出电压 $u_o = 1$，同时放电管 V 截止，电容再次充电，如此周而复始产生振荡，电容两端电压在 $(V_{CC}/3) \sim (2V_{CC}/3)$ 之间变化，而输出 u_o 则为一系列矩形波。

振荡周期 T 的近似计算公式如下：

脉冲宽度(输出高电平时间)：

$$T_{\mathrm{H}} \approx (R_1 + R_2)C \ln 2 \approx 0.7(R_1 + R_2)C$$

脉冲间隔时间(输出低电平时间)：

$$T_{\mathrm{L}} \approx R_2 C \ln 2 \approx 0.7 R_2 C$$

振荡周期：

$$T = T_{\mathrm{H}} + T_{\mathrm{L}} \approx 0.7(R_1 + 2R_2)C$$

3) 施密特触发器

施密特触发器电路如图 3.24(c)所示，将 555 时基电路的阈值输入端 TH 和触发输入端 $\overline{\mathrm{TL}}$ 相连，并加入三角波(或正弦波)输入信号 u_{i}，当 $u_{\mathrm{i}} > 2V_{\mathrm{CC}}/3$ 时，触发器置 0，输出 $u_{\mathrm{o}} = 0$；当 $u_{\mathrm{i}} < 2V_{\mathrm{CC}}/3$ 时，触发器置 1，输出 $u_{\mathrm{o}} = 1$。因此，施密特触发器的正向阈值 $U_{\mathrm{T}+} = 2V_{\mathrm{CC}}/3$，负向阈值 $U_{\mathrm{T}-} = V_{\mathrm{CC}}/3$，回差电压 $\Delta U_{\mathrm{T}} = U_{\mathrm{T}+} - U_{\mathrm{T}-} = V_{\mathrm{CC}}/3$。因此，施密特触发器可方便地把三角波(或正弦波)转换成矩形波。

四、实验内容

1. 单稳态触发电路

(1) 按图 3.25 接线，输入端加单次脉冲，输出端接蜂鸣器，观察实验现象。并用示波器观察 u_{i}、u_{o} 波形、测定暂稳时间 T_{W}，将其结果记入表 3–19 中。

(2) 将 C 改为 47 μF，重复以上步骤。

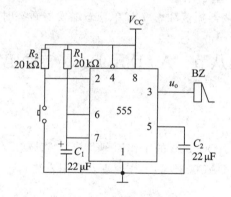

图 3.25　单稳态触发器接线图

表 3–19　单稳态触发器数据测试表

R	C	T_{W} 测试值	T_{W} 计算值
$R_1 = R_2 = 20$ kΩ	22 μF		
	47 μF		

2. 多谐振荡电路

(1) 按图 3.26 接线，输出端接蜂鸣器，观察实验现象。并用示波器观察 u_{o} 波形、测定周期 T，结果记入表 3–20 中。

(2) 将 C 改为 47 μF，重复以上步骤。

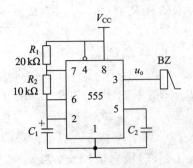

图 3.26　多谐振荡器接线图

表 3-20　多谐振荡器数据测试表

R_1	R_2	C	T 测试值	T 计算值
20 kΩ	10 kΩ	22 μF		
		47 μF		

五、预习思考题

（1）555 定时器有哪些基本用途？

（2）如何确定多谐振荡器振荡频率 f 和单稳态触发器暂态时间 t_{po}？

第八节　A/D 及 D/A 转换电路

一、实验目的

（1）掌握模数转换器 ADC0809 的工作原理及使用方法。

（2）掌握数模转换器 DAC0832 的工作原理及使用方法。

二、实验设备

实验所用器件和设备见表 3-21。

表 3-21　实验器件及设备

序号	名称	型号与规格	数量	备注
1	A/D 转换器	ADC0809	1	
2	电位器	1 kΩ、10 kΩ	各 1	
3	D/A 转换器	DAC0832	1	
4	万用表	UT39A	1	
5	数字电路实验系统	SAC-TZ101-3	1	

三、实验原理

模拟量到数字量的转换称为模数转换器（A/D 转换器，简称 ADC）；数字量到模拟量的转换称为数模转换器（D/A 转换器，简称 DAC）。本实验采用 ADC0809 实现 A/D 转换，DAC0832 实现 D/A 转换。

1. A/D 转换器——ADC0809

ADC0809 是 8 通道、8 位逐次逼近型 A/D 转换器，其内部包含 8 路模拟信号选择器、地址锁存与译码器、三态输出锁存器及 8 位逐次比较 A/D 转换器等电路。ADC0809 芯片的内部结构及引脚如图 3.27 所示。

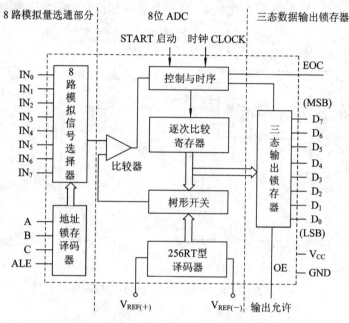

图 3.27　ADC0809 的内部结构及引脚

各引脚功能为：

（1）$IN_0 \sim IN_7$：8 路模拟通道输入，由 A、B、C 三条地址线选择。

（2）A、B、C：8 路模拟通道选择线、地址线。3 条地址线可组成 8 种逻辑状态。比如 CBA＝000 时选择 0 通道，CBA＝111 时选择 7 通道。

（3）$D_7 \sim D_0$：数据线，三态输出，由 OE（输出允许信号）控制输出与否。

（4）OE：输出允许端，该引线为高电平时，打开三态缓冲器，允许转换结果输出。

（5）ALE：地址允许锁存，高电平有效，将 3 个地址码锁存，经译码器选择对应的模拟通道。

（6）START：启动信号输入端，在模拟通道选通之后，由 START 上的正脉冲启动 A/D 转换过程。

（7）EOC（End Of Conversion）：转换结束信号端，在 START 信号之后，A/D 开始转换。EOC 输出低电平，表示转换在进行中，当转换结束，数据已锁存在输出锁存器之后，EOC 则变为高电平。

（8）$V_{REF(+)}$、$V_{REF(-)}$：基准电压输入端，它决定了输入模拟量的电压范围。一般

$V_{REF(+)}$ 接 V_{CC}，$V_{REF(-)}$ 接地。当电源电压为 $+5$ V 时，输入模拟量的电压范围为 $0\sim+5$ V。

输入模拟电压与转换后输出的数字量之间的关系为：

$$D = \frac{U_i}{V_{REF}} \times 255 \pm 1$$

（9）CLOCK：时钟输入端，作为本系统内部的时钟信号，时钟频率上限值为 1280 kHz，典型值为 640 kHz。

（10）V_{CC}、GND：V_{CC} 为电源正端，电压为 $+5$ V；GND 为接地端。

2. D/A 转换器——DAC0832

DAC0832 为 8 位乘法型 CMOS 数模转换器，可直接与微处理器相连，采用双缓冲寄存器，在输出的同时，采集下一个数字量，以提高转换速度。DAC0832 内部原理框图及外部引脚排列如图 3.28(b) 所示。

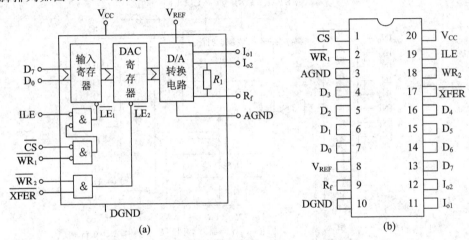

图 3.28　DAC0832 内部原理及引理排列

(a) 内部原理框图；(b) 外部引脚排列

各引脚功能为：

（1）$D_7 \sim D_0$：八位数字量输入端，其中 D_7 为最高位，D_0 为最低位。

（2）I_{o1}：模拟电流输出 1 端，当 DAC 寄存器为全 1 时，I_{o1} 最大；为全 0 时，I_{o1} 最小。

（3）I_{o2}：模拟电流输出 2 端，$I_{o1} + I_{o2} =$ 常数 $= V_{REF}/R$，一般接地。

（4）R_f：为外接运放提供的反馈电阻引出端。

（5）V_{REF}：是基准电压参考端，其电压范围为 -10 V $\sim +10$ V。

（6）V_{CC}：电源电压，一般为 $+5$ V $\sim +15$ V。

（7）DGND：数字电路接地端。

（8）AGND：模拟电路接地端，通常与 DGND 相连。

（9）$\overline{CS}$：片选信号，低电平有效。它与 ILE 共同作用，对 $\overline{WR_1}$ 信号进行控制。

（10）ILE：输入寄存器的锁存信号，高电平有效。当 ILE=1 且 $\overline{CS}$ 和 $\overline{WR_1}$ 均为低电平时，8 位输入寄存器允许输入数据；当 ILE=0 时，8 位输入寄存器锁存信号。

（11）$\overline{WR_1}$：写信号 1，低电平有效，用来将输入数据位送入寄存器中，当 $\overline{WR_1}=1$ 时，输入寄存器的数据被锁定；当 $\overline{CS}=0$，ILE=1 时，在 $\overline{WR_1}$ 为有效电平的情况下，才能写入数字信号。

（12）$\overline{WR_2}$：写信号 2，低电平有效。与 $\overline{XFER}$ 配合，当 $\overline{WR_2}$ 和 $\overline{XFER}$ 均为低电平时，将输入寄存器中的 8 位数据传送给 8 位 DAC 寄存器中；当 $\overline{WR_1}=1$ 时，8 位 DAC 寄存器锁存数据。

（13）$\overline{XFER}$：控制传送信号输入端，低电平有效。它用来控制 $\overline{WR_2}$ 选通 DAC 寄存器。

四、实验内容

1. ADC 0809

（1）按图 3.29 接线。按 C、B、A 顺序接 3 个逻辑开关，$D_7 \sim D_0$ 按顺序接至逻辑电平显示器。

（2）将 C、B、A 置为 000，模拟信号由 IN0 通道输入。调节电位器 R_p，使 U_i 为表 3-22 中所给数值，测量相应的数字输出量并计入表 3-22 中。

（3）改变地址码 C、B、A 为 010，将 U_i 由 IN2 输入端加入，重复步骤（2），将结果记入自拟表格中。

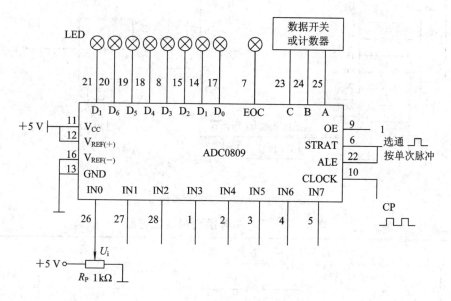

图 3.29　ADC0809 实验接线图

表 3-22　A/D 转换测量数据记录

输入模拟电压 U_i/V	实测输出二进制数							
	D_7	D_6	D_5	D_4	D_3	D_2	D_1	D_0
1								
2								
2.5								
3								
4								
5								

2. DAC 0832

（1）按图 3.30 接线。$D_7 \sim D_0$ 按顺序接至逻辑开关。

（2）零点调节，置 $D_7 \sim D_0$ 为全零，接通电源，调节运放的调零电位器 R_{P2}，使输出电压 $U_0 = 0$ V。

（3）满量程调节，置数据开关 $D_7 \sim D_0$ 为全 1，调节电位器 R_{P1}，改变运放的放大倍数，使运放输出满量程（$U_0 = -255 V_{REF}/256$）。

（4）数据开关从最低位逐位置 1，并逐次测量模拟电压输出 U_0，将结果填入表 3-23 中。

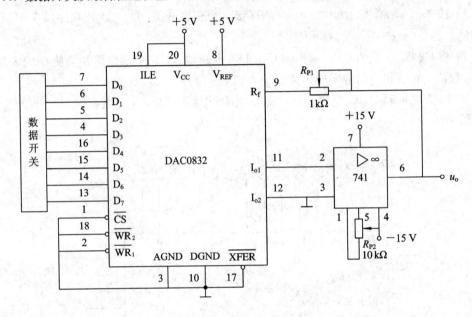

图 3.30　DAC0832 实验接线图

表 3-23　D/A 转换测量数据记录

输入数字量								输出模拟电压 U_0/V	
D_7	D_6	D_5	D_4	D_3	D_2	D_1	D_0	实测值	理论值
0	0	0	0	0	0	0	0		
0	0	0	0	0	0	0	1		
0	0	0	0	0	0	1	1		
0	0	0	0	0	1	1	1		
0	0	0	0	1	1	1	1		
0	0	0	1	1	1	1	1		
0	0	1	1	1	1	1	1		
0	1	1	1	1	1	1	1		
1	1	1	1	1	1	1	1		

六、预习思考题

（1）画出将 5 V 模拟量转换成数字量的电路图，并加以说明。

（2）画出数字量转换成模拟量的电路图，并加以说明。

第九节　数字电子秒表

一、实验目的

（1）熟悉 RS 触发器、单稳态触发器、时钟发生器、计数器及译码显示等单元电路的综合应用。

（2）掌握电子秒表的调试方法。

二、实验设备

实验所用器件和设备见表 3 - 24。

表 3 - 24　实验所用器件及设备

序号	名　称	型号与规格	数量	备　注
1	与非门	74LS00	1	
2	555 时基电路	555N	1	
3	异步二-五-十计数器	74LS90	3	
4	万用表	UT39A	1	
5	数字电路实验系统	SAC - TZ101 - 3	1	

三、实验原理

图 3.31 为电子秒表的电路原理图。按功能可分成控制电路、时钟发生器、计数及译码显示三个单元的电路来进行分析。

1. 控制电路

单元 I 为控制电路，它是由一个基本 R - S 触发器、机械开关、电阻以及 5 V 电源组成的。其功能主要是实现秒表的停止和开始计数功能。开始、停止功能可以只用一个机械开关来实现，之所以用此电路代替机械开关，是因为利用此电路的锁存功能，可以防止开关 S 在打开和闭合时一些假信号串入逻辑电路，而影响秒表的正确计数显示。

2. 时钟发生器

单元 II 为用 555 定时器构成的多谐振荡器，是一种性能较好的时钟源。调节电位器 R_w，使在输出端 3 获得频率为 50 Hz 的矩形波信号，当基本 RS 触发器 Q＝1 时，与非门开启，此时 50 Hz 脉冲信号通过与非门作为计数脉冲加于计数器①的计数输入端 CP_B。

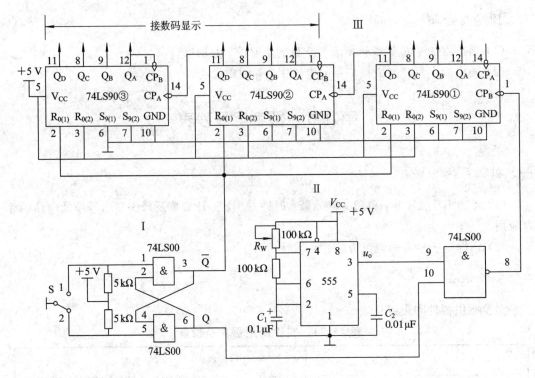

图 3.31　电子秒表原理图

3. 计数及译码显示

单元Ⅲ为 74LS90 二-五-十进制加法计数器构成电子秒表的计数单元。其中计数器①接成五进制形式，对频率为 50 Hz 的时钟脉冲进行五分频，在输出端 Q_D 取得周期为 0.1 s 的矩形脉冲，作为计数器②的时钟输入。计数器②及计数器③接成 8421 码十进制形式，其输出端与实验装置上译码显示单元的相应输入端连接，可显示 0.1~0.9 s，1~9.9 s 计时。

四、实验内容

(1) 按照原理图 3.31 接线。

(2) 将各单元电路逐个进行调试(RS 触发器、时钟发生器及计数器)，待各单元电路工作正常后，测试电子秒表整个电路的功能。

(3) 电子秒表的总体测试方法。

首先使开关 S 拨向 1 端，此时电子秒表不工作，然后使开关 S 拨向 2 端，则计数器清零后便开始计时，观察数码管显示计数情况是否正常，如不需要计时或暂停计时，再使开关 S 拨向 1 端，计时立即停止，但数码管保留所计时之值。

五、预习思考题

数字电子秒表包含几个电路模块？各自的主要功能是什么？

第 4 章　可编程控制器实验

第一节　西门子 S7 - 200 可编程控制器

可编程控制器(Programmable Logic Controller，简称 PLC)是以微处理器为基础，综合了计算机技术、自动控制技术和通信技术等现代科技而发展起来的一种工业自动控制装置。西门子公司的 S7 - 200/300/400 以其功能强大、性价比高等特点深受国内用户的欢迎。本章围绕西门子 S7 - 200 系列 PLC 介绍其原理及应用。

一、S7 - 200 系列 PLC 的基本结构

S7 - 200 系列 PLC 属于整体式小型 PLC，这种 PLC 将 CPU 模块、I/O 模块和电源模块集成于一体，用于简单的继电控制场合及自动化系统。图 4.1 为 S7 - 200 PLC 的外形结构图。

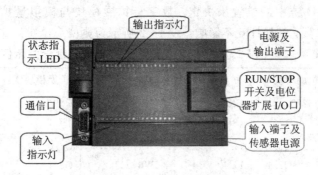

图 4.1　S7 - 200 PLC 外形结构图

S7 - 200 PLC 提供多种不同 I/O 点数的 CPU 模块、数字量及模拟量 I/O 扩展模块、热电偶、热电阻模块、通信模块等。S7 - 200 PLC 内置有高速计数器、PID 控制器、RS - 485 通信/编程接口、PPI 通信协议、MPI 通信协议和自由方式通信功能。

1. CPU 模块

S7 - 200 PLC 有 CPU221、CPU222、CPU224、CPU224XP、CPU226 等不同型号的 CPU 模块，其外观结构基本相同，基本配置如表 4 - 1 所示。

CPU 有 RUN(运行)、STOP(停止)及 TERM(Terminal，终端)三种工作模式。在 CPU 模块的面板上用"状态指示 LED"显示当前的工作模式，RUN 模式下 CPU 通过用户程序来实现控制功能；STOP 模式下 CPU 不执行用户程序，可以用编程软件创建和编辑用

户程序，设置 PLC 的硬件功能，将用户程序和硬件设置信息下载到 PLC；TERM 模式下允许使用编程软件来控制 CPU 的工作模式。

表 4-1　S7-200 PLC CPU 模块的基本配置

特　性	CPU221	CPU222	CPU224	CPU226
数字量 I/O	6 入/4 出	8 入/6 出	14 入/10 出	24 入/16 出
模拟量 I/O	—	—	—	—
数字量 I/O 映像区	256(128 入/128 出)			
模拟量 I/O 映像区	无	16 入/16 出	32 入/32 出	

2. 扩展模块

除 CPU221 外，其他 CPU 模块均可以配接多个扩展模块，可以选用 4 点、16 点和 32 点的数字量输入/输出模块，来满足不同的控制需要。

S7-200 PLC 包括如下的数字量扩展模块：输入模块 EM221(8 路扩展输入)；输出模块 EM222(8 路扩展输出)；I/O 混合模块 EM223(具有 8I/O、16I/O、32I/O 等多种配置)。S7-200 PLC 有三种模拟量扩展模块：EM231 为 4 路模拟量输入模块，EM232 为 2 路模拟量输出模块，EM235 为 4 路输入/1 路输出模块。这些模拟量扩展模块中 A/D、D/A 转换器的位数均为 12 位。

二、本机 I/O 与扩展 I/O 的地址分配

S7-200 PLC CPU 的本机 I/O 采用固定地址方式，扩展 I/O 模块的地址由模块的类型和模块在同类 I/O 链中的位置来决定。数字量扩展模块与模拟量扩展模块均属于对 CPU 模块 I/O 的扩展，其地址互不影响。表 4-2 所示为典型 I/O 扩展应用。

表 4-2　CPU224 的本地和扩展模块 I/O 地址分配示例

CPU224		扩展模块 0	扩展模块 1	扩展模块 2	扩展模块 3	扩展模块 4
		EM223 (4I/4O)	EM221 (8I)	EM235 (4AI/4AO)	EM222 (8O)	EM235 (4AI/1AO)
I0.0	Q0.0	I2.1　Q2.0	I3.0	AIW4　AQW4	Q3.0	AIW12　AQW8
I0.1	Q0.1	I2.1　Q2.1	I3.1	AIW6	Q3.1	AIW14
⋮	⋮	I2.2　Q2.2	I3.2	AIW8	Q3.2	AIW16
⋮	⋮	I2.3　Q2.3	I3.3	AIW10	Q3.3	AIW18
I1.5	Q1.1		I3.4		Q3.4	
AIW0	AQW0		I3.5		Q3.5	
AIW2			I3.6		Q3.6	
			I3.7		Q3.7	

三、S7-200 PLC 的工作原理

PLC 通电后需对硬件和软件做初始化的工作，初始化后的 PLC 循环运行，如图 4.2 所示。

输入处理

执行程序

处理通信请求

自诊断检查

输出处理

图 4.2　PLC 运行过程

1. 输入处理

输入量是数字量，则在每个扫描周期的开始，先进行采样，将数字量输入点的当前值写入到输入映像寄存器中；对于输入信号变化较慢的模拟量，则采用数字滤波，CPU 从模拟量输入模板读取滤波值；对于高速信号，CPU 直接读取模拟值。

2. 执行程序

PLC 的用户程序指令在存储器中顺序排列，在 RUN 模式的程序执行阶段，如果没有跳转指令，CPU 从第一条指令开始，逐条顺序执行用户程序。

如果输入是数字量，则在执行指令时，从输入映像寄存器和其他软元件的映像寄存器中将有关元件的 I/O 状态读出，根据指令要求进行逻辑运算，每次运算结果都写入相应的映像寄存器，本扫描周期输入映像寄存器的状态不会改变，输入信号的变化状态只能在下一个扫描周期的输入处理阶段读入。

CPU 对于立即 I/O 指令、模拟量 I/O 指令和中断指令，都采取不同的执行方法。对于立即 I/O 指令，由于立即 I/O 指令是在程序中安排的对输入点的信息立即读取，对输出点的状态立即刷新的指令，所以在执行该指令时，不受扫描周期的约束。对于不设数字滤波的直接模拟量的输入/输出，其执行方式与立即 I/O 指令基本相同。

3. 处理通信请求

该阶段 CPU 处理从通信接口和智能模块接收到的信息。

4. CPU 自诊断测试

自诊断测试包括定期检查 CPU 模块的操作和扩展模块的状态是否正常，将监控定时器复位，以及完成其他一些内部工作。

5. 输出处理（输出刷新阶段）

全部指令执行完毕，将输出映像寄存器的 I/O 状态向输出锁存寄存器传送，成为可编程控制器的实际输出，控制外部负载的工作。

四、S7 - 200 PLC 程序结构

S7 - 200 PLC 程序包括系统程序和用户程序。系统程序是 PLC 出厂时的自带程序，不能编辑；用户程序一般由用户程序、数据块和参数块三部分组成。

1. 用户程序

S7 - 200 PLC 的用户程序由主程序、子程序和中断程序组成，每一个项目都必须且只能有一个主程序，但可有多个子程序或中断程序。

主程序是用户程序的主体，在主程序中可以调用子程序。主程序控制整个应用程序的执行，每次 CPU 扫描都要执行一次主程序；子程序仅在被其他程序调用时执行，是一个可选指令的集合。同一子程序可以在不同的地方被多次调用，使用子程序可以简化程序代码和减少扫描时间；中断程序也是一个可选指令的集合，但它不是被主程序调用，而是在中断事件发生时由 PLC 的操作系统调用。

2. 数据块

S7-200 PLC 中的数据块，主要用来存放用户程序允许所需的数据。在数据块中允许存放的数据类型为布尔型、十进制、二进制或十六进制，字母、数字和字符型。

3. 参数块

在 S7-200 PLC 中，参数块存放的是 PLC 组态数据，如果在编程软件或其他编程工具上未进行 CPU 的组态，则系统以默认值进行自动设置。

五、S7-200 PLC 的 CPU 存储区

1. 输入寄存器(I)

输入寄存器是 PLC 接收外部输入的数字量信号的窗口，在每个扫描周期的开始，CPU 对物理输入点进行采样，并将采样值存于输入映像寄存器中。

2. 输出寄存器(Q)

CPU 在扫描周期末尾将输出寄存器的数据传送给输出模块，由后者驱动外部负载。

3. 变量存储器(V)

变量存储器在程序执行的过程中存放中间结果，也可保存与工序或任务有关的其他数据。

4. 位存储区(M)

位存储区(M0.0~M31.7)作为控制继电器来存储中间操作状态或其他控制信息。

5. 定时器存储区(T)

定时器相当于继电控制线路中的时间继电器。用定时器地址来存取当前值和定时器位。

6. 计数器存储区(C)

计数器用来累计其计数输入端脉冲电平由低到高的次数。用计数器地址来存取当前值和计数器位。

7. 高速计数器(HSC)

高速计数器用来累计比 CPIJ 的扫描速率更快的事件，计数过程与扫描周期无关。高速计数器的地址由区域标识符 HSC 和高速计数器号组成。

8. 累加器(AC)

累加器是一个可读写的数据寄存器，可以向子程序传递参数，或从子程序返回参数，以及用来存放计算的中间值。S7-200 PLC 共有 4 个 32 位累加器(AC0~AC3)，可以按字节、字和双字来存取计算的中间值。

9. 特殊存储器(SM)

特殊存储器存储系统的状态信息及有关控制功能的参数和信息，可用于 CPU 与用户之间交换信息，表 4 - 3 所示为部分特殊存储器的功能说明。

表 4 - 3　特殊存储器功能

SM 位	功能描述（只读）
SM0.0	RUN 监控，PLC 运行时，该位始终为"1"
SM0.1	初始脉冲，PLC 由 SPOT 转为 RUN 时，ON 一个扫描周期。可以调用初始化子程序
SM0.2	当 RAM 中保存的数据丢失时，该位将 ON 一个扫描周期
SM0.3	开机后进入 RUN 方式，该位将 ON 一个扫描周期
SM0.4	分钟脉冲，占空比为 1∶1，周期为 1 min 的脉冲串
SM0.5	秒钟脉冲，占空比为 1∶1，周期为 1 s 的脉冲串
SM0.6	扫描脉冲，一个周期为 ON，下个周期为 OFF，交替循环，可用作扫描计数器输入
SM0.7	指示 CPU 上 MODE 开关的位置，0＝TERM，1＝RUN

10. 局部存储器（L）

S7 - 200 PLC 给主程序和中断程序各分配 64 字节局部存储器，给每一级子程序嵌套分配 64 字节局部存储器，各程序不能访问别的程序的局部存储器。局部存储器存储的局部变量仅仅在它被创建的 POU（程序组织单元）中有效。

11. 模拟量输入（AIW），模拟量输出（AQW）寄存器

S7 - 200 PLC 处理模拟量的过程：将现场参数如温度、压力等连续变化的模拟量用 A/D 转换器转换为 1 个字长的数字量后存储在模拟量输入寄存器（AIW）中，通过 PLC 处理后将要转换成模拟量的数字量写入模拟量输出寄存器（AQW），再经 D/A 转换成模拟量输出。PLC 对模拟量输入寄存器只能进行读取操作，而对模拟量输出寄存器只能进行写入操作。

12. 顺序控制继电器（S）

顺序控制继电器也称状态继电器，是使用步进控制指令编程时的重要元件，用状态继电器和相应的步进控制指令，可以在 S7 - 200 PLC 上编制较复杂的控制程序。

第二节　STEP 7 - Micro / WIN 编程软件

一、STEP 7 - Micro / WIN 软件基本功能

STEP 7 - Micro/WIN 作为 Windows 操作系统下的用户编程软件，主要有以下功能：

（1）STEP 7 - Micro/WIN 支持梯形图（LAD）、语句表（STL）和功能图（FBD）三种编程语言，在三者之间可以随时切换。

（2）在离线方式下（计算机不与 PLC 连接）可以对程序进行创建、编辑、编译和系统组态等工作。

（3）在线方式下（计算机连接与 PLC 连接），可以上传及下载用户程序、数据和系统组态，编辑和修改用户程序和数据，启动和停止 PLC。

（4）具有密码保护功能，可以为 CPU、用户程序和项目文件设置密码，以保护程序开发者的知识产权，防止未经授权的操作。

（5）指令向导功能，可以用指令向导完成 PID 自整定、高速计数、脉冲输出、以太网和数据记录等功能。

（6）在编程过程中进行语法检查，避免用户在编程过程中出现一些语法错误和数据类型错误。

二、STEP 7 – Micro / WIN 软件的使用方法

1. STEP 7 – Micro/WIN 软件界面介绍

STEP 7 – Micro/WIN 软件界面如图 4.3 所示，包括浏览条、指令树、菜单栏、工具条、局部变量表、程序编辑器、状态栏、输出窗口等。

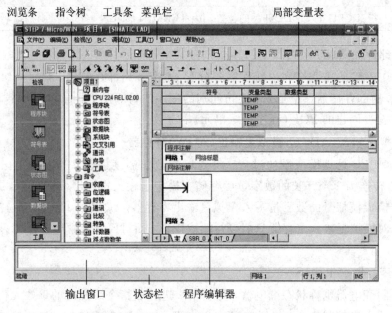

图 4.3　STEP 7 – Micro/WIN 软件界面

2. 浏览条

浏览条可实现编程过程中各功能窗口的快速切换。单击浏览条中的任一控制按钮，即可将编辑主窗口切换为该按钮对应的窗口，或弹出相应的对话框。工具浏览条中有"检视"和"工具"两个视图。"检视"视图显示程序块、符号表、状态表、数据块、系统块、交叉引用及通信工具。"工具"视图显示指令向导、文本显示向导、位置控制向导、以太网向导等按钮。

3. 指令树

指令树包括项目文件管理系统和指令系统。项目文件管理系统主要包括 CPU 型号、程序重命令、子程序与中断程序的添加和删除等。指令系统提供编程时用到的所有快捷操作命令和全部 PLC 指令。

4. 菜单栏

菜单栏包括文件、编辑、视图、可编程控制器、调试、工具、窗口和帮助等 8 个主菜单项，提供了文件操作、程序编辑、PLC 参数设置、系统组态、编程环境设置、窗口切换以及

帮助等多项功能。

5. 工具条

工具条是指以按钮的形式提供给用户在程序编辑、调试和运行时最常用的操作。用户可通过菜单命令 View/Toolbars 自定义工具条。

6. 局部变量表

每个程序块都对应一个局部变量表，在带参数的子程序调用中，参数的传递就是通过局部变量表进行的。

7. 程序编程器

可用梯形图、语句表或功能图表编程器编写用户程序，或在联机状态下从 PLC 上装用户程序进行读程序或修改程序。

8. 状态栏

状态栏也称任务栏，与一般应用软件的任务栏功能相同。

9. 输出窗口

输出窗口用来显示程序编译的结果信息，如程序的各块（主程序、子程序的数量及子程序号，中断程序的数量及中断程序号）及各块的大小，编译结果有无错误及错误编码和位置等。

三、S7 - 200 PLC 的基本指令

基本指令包括位逻辑指令、置位/复位、边沿触发、逻辑栈、定时、计数、比较指令等，下面就实验中应用的位逻辑指令、定时、计数、比较指令做简单介绍。

1. 位逻辑指令

位逻辑指令也称为触点指令，是 PLC 程序最常用的指令，可实现各种控制逻辑。位逻辑指令及其使用说明见表 4-4。

表 4 - 4　位 逻 辑 指 令

指令名称	梯形图	指 令 说 明
常开触点	─┤ ├─	当位等于"1"时，常开触点接通；常闭触点断开
常闭触点	─┤ / ├─	当位等于"0"时，常开触点断开；常闭触点接通
常开立即触点	─┤ I ├─	当物理输入为"1"时，常开立即触点接通，常闭立即触点断开；当物理输入为"0"时，常开立即触点断开，常闭立即触点接通。不受 CPU 扫描周期的限制
常闭立即触点	─┤ / I ├─	
取反触点	─┤NOT├─	取反触点即将它左边电路的逻辑运算结果取反。若逻辑运算结果为"1"，则变为"0"；若逻辑运算结果为"0"，则变为"1"
正转换触点	─┤ P ├─	正转换触点指指令前的梯级逻辑发生正跳变（由"0"到"1"）则能流接通一个扫描周期；负转换触点指指令前的梯级逻辑发生负跳变（由"1"到"0"）则能流接通一个扫描周期。这两个指令没有操作数
负转换触点	─┤ N ├─	

2. 输出指令

输出指令也称为线圈指令，表达逻辑梯级的结束指令。输出指令及其使用说明见表 4-5。

表 4-5 输 出 指 令

指令名称	梯形图	指 令 说 明
输出指令	—( )	线圈指令，当线圈前的逻辑运算结果为"1"时，输出为"1"；当线圈前的逻辑运算结果为"0"时，输出为"0"
置位指令	位地址 —(S) N	当该指令前的梯级逻辑运算为"1"时，将从指定位地址开始连续 N 个置位；当该指令前的梯级逻辑运算为"0"时，将从指定位地址开始连续 N 个复位
复位指令	位地址 —(R) N	
立即输出指令	位地址 —(I)	除了将梯级前的逻辑运算结果写入位地址的存储单元外，还将结果直接输出至位地址对应的物理输出点上
立即置位指令	位地址 —(SI) N	立即置位、立即复位指令将从指定地址开始的连续 N 个位立即置位或立即复位。指令执行时同时将新值写入相应的存储区和物理输出点
立即复位指令	位地址 —(RI) N	

3. 定时器指令

定时器指令及其使用说明见表 4-6。

表 4-6 定 时 器 指 令

指令名称	梯形图	指 令 说 明
通电延时定时器（TON）	T_n —IN TON —PT ???ms	初始时，定时器当前值为"0"，当指令的梯级逻辑为"1"时，定时器开始计时；当定时器当前值等于预设值时，定时器被置位
断电延时定时器（TOF）	T_n —IN TOF —PT ???ms	初始时，定时器当前值为"0"，当指令的梯级逻辑为"1"时，定时器被置位，其常开触点闭合、常闭触点断开，同时定时器当前值清零；当梯级前的逻辑为"0"时，定时器开始计时，当计时等于预设值时，定时器复位
有记忆的通电延时定时器（TONR）	T_n —IN TONR —PT ???ms	初始时，定时器当前值为 0，当指令的梯级逻辑为"1"时，定时器开始计时，当前值开始累加；当指令的梯级逻辑为"0"时，当前值保持不变。当当前值等于预设值时，定时器被置位

4. 计数器指令

计数器指令及其使用说明见表 4-7 所示。

表 4 - 7　计 数 器 指 令

指令名称	梯形图	指 令 说 明
加计数器	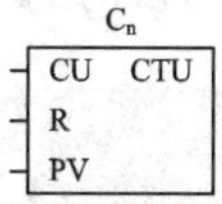 C_n CU CTU / R / PV	对 CD 端计数脉冲上升沿进行加计数。当计数器的当前值大于等于预设值时，计数器被置位；当复位端 R 为"1"或执行复位指令时，计数器复位，计数当前值清零
减计数器	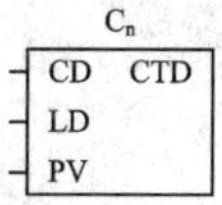 C_n CD CTD / LD / PV	对 CD 端计数脉冲上升沿进行减计数。当复位端无效时，若检测到计数脉冲上升沿，则计数器从预设值开始进行减计数，直至减为 0；若当前值为 0，则计数器被置位；当装载输入端 LD 为"1"时，计数器被复位，并将计数器当前值设为预设值
加减计数器	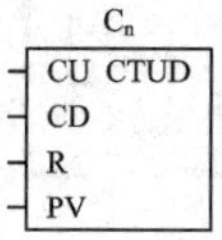 C_n CU CTUD / CD / R / PV	对加、减计数端(CU、CD)的输入脉冲上升沿计数。当计数器当前值大于等于预设值时，计数器被置位，否则计数器被置位。当复位端 R 为"1"或执行复位指令时，计数器被复位，当前值清零

5. 比较指令

比较指令的梯形图基本形式如图 4.4 所示。其中指令中的符号"××"表示两操作数 IN1 和 IN2 进行比较的条件。比较条件见表 4 - 8，比较指令的数据类型见表 4 - 9。

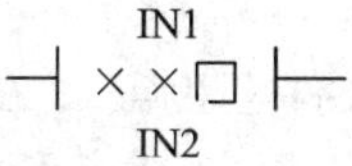

IN1
—| ××□ |—
IN2

图 4.4　比较指令的梯形图

表 4 - 8　S7 - 200 PLC 允许的比较条件

符号××	比较条件注释	符号××	比较条件注释
==	等于	<=	小于等于
<>	不等于	>	大于
>=	大于等于	<	大于

表 4 - 9　比较指令的数据类型

符号□	数据类型描述	符号□	数据类型描述
B	字节	D	双字
I	字	R	实数
S	字符串		

四、用 户 程 序

1. 建立用户程序

用户程序可以通过打开计算机已有程序、上传 PLC 已有程序及计算机新建程序三种方式获得。

1）打开计算机已有程序

打开 PLC 编程软件，用菜单"文件｜打开"在弹出的对话框选择打开的文件，也可用工具条中的"打开"按钮来完成。图 4.5 所示为一个打开计算机已有程序对话框窗口。

图 4.5　打开计算机已有程序对话框窗口

2）上传 PLC 已有程序

在已经与 PLC 建立通信的前提下，如果要上装一个 PLC 存储器中的程序文件，可用菜单"文件｜上装"，也可用工具条中的 ▲（载入）按钮来完成。

3）计算机新建程序

建立一个程序文件，可用菜单"文件｜新建"，在主窗口将显示新建程序文件主程序区，也可用工具条中的"新建"按钮来完成。图 4.6 所示为一个新建程序文件的指令树。

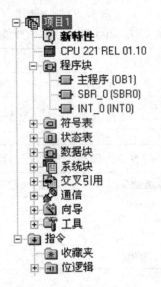

图 4.6　新建程序文件的指令树

系统默认的初始设置如下：

新建的程序文件以 Project 1(CPU221)命名，括号内为系统默认的 PLC 型号。程序块中有 1 个主程序、1 个子程序 SBR－O 和 1 个中断程序 INT－0。用户可以根据实际编程需要进行以下操作。

（1）确定主机型号。首先要根据实际应用情况选择 PLC 型号。方法：右击"Project 1

(CPU221)"图标，在弹出的按钮中单击"类型（T）"，然后可以在弹出的对话框中选择所用的 PLC 型号，也可用菜单"PLC｜类型"来选择。

（2）程序更名。项目文件更名：如果新建了一个程序文件，可单击菜单"文件｜保存"或"文件｜另存为"，然后可以在弹出的对话框中键入名称；子程序和中断程序更名：在指令树窗口中，右击要更名的子程序或中断程序名称，在弹出的选择按钮中单击"重新命名"，然后键入名称即可。主程序的名称一般用默认的"Project 1"，任何项目文件的主程序只有一个。

（3）添加一个子程序的方法如下：

方法 1：在指令树窗口中，右击"程序块"图标，在弹出的选择按钮中单击"插入子程序"。

方法 2：用菜单"编辑 l 插入｜子程序"实现。

方法 3：在编辑窗口右击编辑区，在弹出的菜单选项中选择"插入子程序"。新生成的子程序会根据已有子程序的数目默认名称为"SBR - n"，用户可以自行更名。

（4）添加一个中断程序：在指令树窗口中，右击"程序块"图标，在弹出的选择按钮中单击"插入中断程序"项，或用菜单"编辑｜插入｜中断程序"实现。也可在编辑窗口中右击编辑区，在弹出的菜单选项中选择"插入｜中断程序"。新生成的中断程序会根据已有中断程序的数目，默认名称为"INT - n"，用户可以自行更名。

2. 编辑程序

STEP7 - Micro/WIN 32 编程软件默认的编程语言是梯形图，梯形图是最基本、最易学的编程语言。本教材主要介绍如何用梯形图来编写程序。

梯形图程序被划分为若干个网络（程序段），每个网络相当于继电接触器控制图中的一个电路。一个网络中只能有一个能流通过，不能有两条互不联系的通路。梯形图编程元件主要有触点、线圈、指令盒、标号及连接线。

1）指令输入

梯形图编辑器中有 4 种输入程序指令的方法：鼠标拖放、鼠标双击、工具栏按钮和功能键（F4、F6、F9）。下面分别介绍这几种方法。

（1）鼠标拖放。首先在指令树中单击所需指令，如图 4.7(a)所示；然后拖动鼠标，将指令

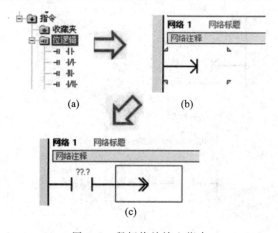

(a)　　　　　　(b)

(c)

图 4.7　鼠标拖放输入指令

拖至所需位置，如图 4.7(b)所示；松开按钮就将指令放至所需位置，如图 4.7(c)所示。

（2）鼠标双击。首先在程序编辑器窗口中将光标放在所需的位置，这时一个选择方框在该位置周围出现，如图 4.8（a）所示；然后指令树中浏览至所需的指令并双击，如图 4.8(b)所示；双击后指令会在程序编辑器窗口中显示，如图 4.8(c)所示。

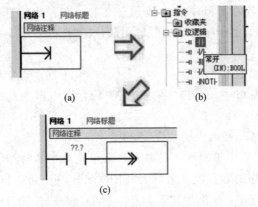

图 4.8　鼠标双击输入指令

（3）工具栏按钮与功能键。梯形图指令工具栏如图 4.9 所示。工具栏按钮与功能键两种输入指令方式大同小异，在此一并介绍。首先在程序编辑器窗口中将光标放在所需的位置，这时一个选择方框在该位置周围出现，如图 4.10(a)所示；然后在梯形图指令工具栏中单击所需的指令按钮，或者按相应的功能键(F4＝触点、F6＝线圈、F9＝指令盒)，这时会在程序编辑器中出现下拉列表，如图 4.10(b)所示；滚动下拉列表，浏览至所需指令单击，指令会在程序编辑器窗口中显示，如图 4.10(c)所示。

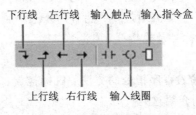

图 4.9　梯形图指令工具栏

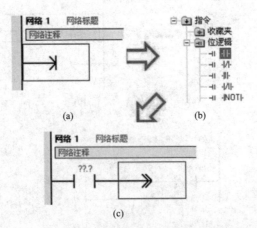

图 4.10　工具栏按钮与功能键输入指令

2）输入地址

在梯形图中输入一条指令时，参数开始用问号表示，如"??.?"或"????"，如图 4.11(a)所示。问号表示参数未赋值，用户可以在输入指令时为该指令的参数指定一个常数或绝对值、符号或变量地址。如果任何参数未赋值，程序将不能进行编译。用鼠标单击并选中"??.?"或"????"，如图 4.11(b)所示；然后输入所需地址如 I0.0，如图 4.11(c)所示；按回车键完成地址输入，如图 4.11(d)所示。

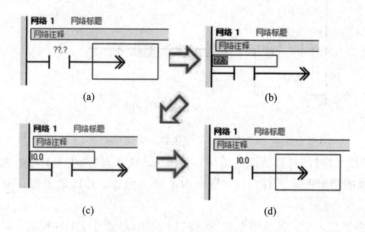

图 4.11　输入地址

3. 程序编译

程序编辑完成后，可用菜单"PLC | 编译"或单击工具条 按钮进行离线编译。编译结束后，会在输出窗口显示编译结果信息。

五、程序下载及程序监视

STEP 7 - Micro/WIN 32 编程软件将程序下载至 PLC，并且可监视用户程序执行。

1. 程序下载

当程序编译无误后，便可下载到 PLC 中。下载前先将 PLC 置于"STOP"模式，然后单击工具条 键，当出现"下载成功"后，单击"确定"按钮即可。另外， 键的功能为载入，即将 PLC 中的程序调入计算机中。

2. 程序监视

利用三种程序编辑器都可在 PLC 运行时监视程序对各元件的执行结果，并可监视操作数的数值。

1）梯形图监视

利用梯形图编辑器可以监视在线程序状态，如图 4.12 所示。图中被点亮(黑色阴影部分)的元件表示处于接触状态。

在梯形图中可显示所有操作数的值，所有这些操作数状态都是 PLC 在扫描周期完成时的结果。STEP7 - Micro/WIN 32 软件经过多个扫描周期采集状态值，然后刷新梯形图中各值的状态显示。通常情况下，梯形图的状态显示不反映程序执行时的每个编程元素的实际状态。

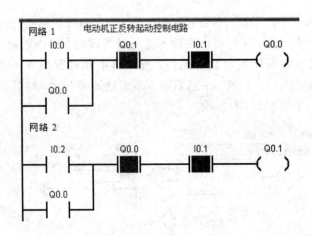

图 4.12　程序状态监视

用菜单"工具 | 选择"打开选项对话框,选择"LAD 状态"选项卡,然后选择一种梯形图的样式。可选择的梯形图样式有 3 种:指令内部显示地址,外部显示值;指令外部显示地址和值;只显示状态值。

打开梯形图窗口,在工具条中单击 按钮,将 PLC 置于 RUN 模式,即可运行下载的程序。

2) 功能块图监视

利用 STEP7 - Micro/WIN 32 软件功能块图编辑器也可以监视在线程序的状态。通常情况下,梯形图的状态显示不反映程序执行时的每个编程元素的实际状态。

六、西门子 S7 - 200 可编程控制器(PLC)实验箱简介

西门子 S7 - 200 可编程控制器(PLC)实验箱面板如图 4.13 所示,图 4.14 为其实验箱端子图。

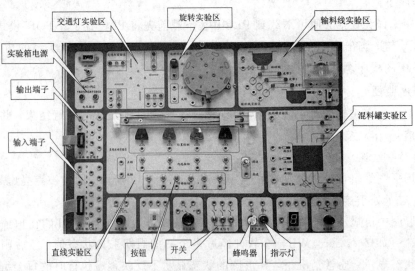

图 4.13　西门子 S7 - 200 PLC 实验箱面板

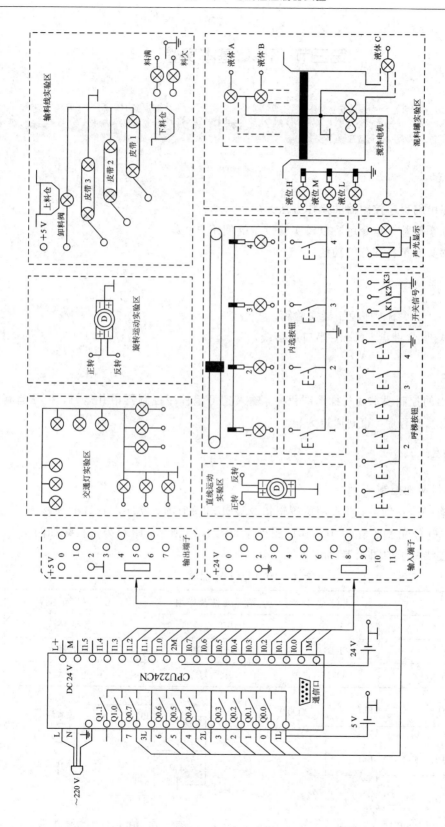

图 4.14　西门子 S7-200 PLC 实验箱端子图

第三节　PLC 基本实验

实验一　基本逻辑指令实验

一、实验目的

(1) 掌握可编程序控制器的操作方法。

(2) 熟练掌握基本指令用法以及实验设备的使用方法。

(3) 熟悉实验箱各部分的功能。

二、实验设备

(1) S7 - 200 可编程序控制器实验箱。

(2) 计算机(含键盘、鼠标、串口通信线)。

三、实验任务

按照给出的控制要求编写梯形图程序,输入到可编程序控制器中并运行,根据运行情况进行调试、修改程序,直到通过为止。

四、实验内容

1. 走廊灯两地控制

某楼道有一个走廊灯,要求用位逻辑指令设计出梯形图,保证走廊灯能被楼上、楼下开关控制。I/O 分配表见表 4 - 10,梯形图程序如图 4.15 所示,PLC 外部接线如图 4.16 所示,实验箱接线端子如图 4.17 所示。

表 4 - 10　I/O 分配表

	I/O 点	信号元件及作用	元件或端子位置
输入信号	I0.0	楼下开关	开关信号区
	I0.1	楼上开关	开关信号区
输出信号	Q0.0	走廊灯	声光显示区

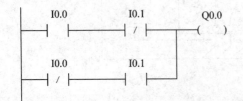

图 4.15　梯形图

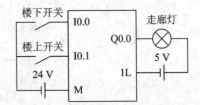

图 4.16　PLC 外部接线图

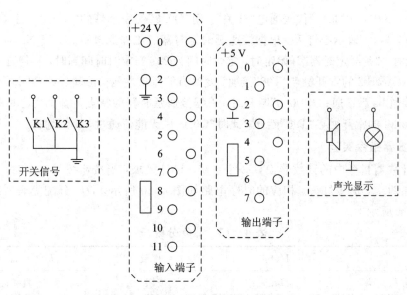

图 4.17　实验箱接线端子

在图 4.13 的梯形图程序中,当 Q0.0 为 0 状态,表示走廊灯不亮,如果此时改变输入触点 I0.0(楼上开关)或 I0.1(楼下开关)的状态,都会有能流从左侧母线流过输出线圈 Q0.0,此时 Q0.0 为 1 状态,表示走廊灯变亮;当 Q0.0 为 1 状态,表示走廊灯亮时,改变输入触点 I0.0 或 I0.1 的状态,都会使能流无法流过 Q0.0,此时 Q0.0 为 0 状态,表示走廊灯熄灭。输出点 Q0.0 为输入 I0.0 常开触点和 I0.1 常闭触点"与"逻辑结果,同时也是输入 I0.0 常闭触点和 I0.1 常开触点"与"逻辑结果,上下两行是"或"逻辑结果。

2. 定时器指令实验

利用定时器指令中的"接通延时定时器(TON)"设计一通电延时控制电路。要求:当"开关"接通时,经过 2 s 的延迟时间后其控制的小灯亮起来;当开关断开时,小灯立即熄灭。具体的时序电路如图 4.18 所示,I/O 分配见表 4-11,梯形图如图 4.19 所示。

表 4-11　I/O 分配表

	I/O 点	信号元件及作用	元件或端子位置
输入信号	I0.0	开关	开关信号区
输出信号	Q0.0	信号灯	声光显示区

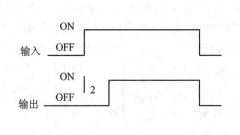

图 4.18　时序图

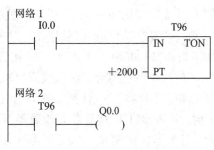

图 4.19　梯形图

在图 4.19 中,用"I0.0"代表通电"开关",用"Q0.0"代表小灯的"状态",当"Q0.0"置"1"表示小灯亮,置"0"表示小灯灭。根据接通延时定时器的工作原理可知,当 Network1 的开关"I0.0"接通时,"延时定时器"开始定时,定时时间为 2s;当定时时间到时,接通延时定时器位变为"1",Network2 的常开触点"T96"接通,此时有能流从左侧母线流经线圈"Q0.0",代表小灯在开关接通 2s 后接通;当"I0.0"断开时,根据接通延时器的特点可知,其定时器同时变为"0",Network2 的常开触点"T96"断开,此时"Q0.0"中无能流通过,小灯熄灭。

3. 计数器指令实验

应用计数器指令中的计数器设计一个系统。设计要求:当按钮按下 3 次时,信号灯亮;再按该按钮两次,信号灯灭。相应的时序电路如图 4.20 所示,I/O 分配见表 4 - 12,梯形图如图 4.21 所示。

表 4 - 12　I/O 分配表

	I/O 点	信号元件及作用	元件或端子位置
输入信号	I0.0	按钮	直线区
输出信号	Q0.0	信号灯	声光显示区

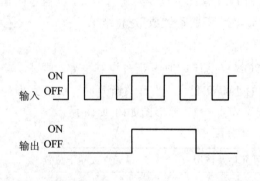

图 4.20　时序图　　　　图 4.21　梯形图

PLC 外部接线图如图 4.22 所示,图中,用"I0.0"表示按钮开关,用"Q0.0"表示信号灯,当"Q0.0"置"1"时表示信号灯亮,当"Q0.0"置"0"时表示信号灯灭。在梯形图中,当第三次按下按钮"I0.0"时,计数器"C0"被置位,此时计数器"C0"的常开触点闭合,输出线圈"Q0.0"接通,信号灯亮;同时计时器"C1"计数一次,当再次按下按钮"I0.0"时,计数器"C1"被置位,计数器"C1"的常开触点闭合,计数器"C0"复位,"Q0.0"断开,信号灯熄灭。实验箱接线端子图如图 4.23 所示。

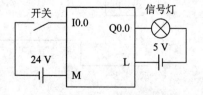

图 4.22　PLC 外部接线图

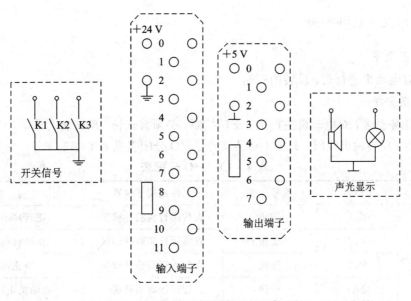

图 4.23　实验箱接线端子

五、实验步骤

实验步骤如下：

(1) 打开计算机，双击桌面 ![icon] 图标进入西门子 S7 - 200 PLC 的编程界面，输入程序。

(2) 接线。根据 I/O 分配表，按图所示的 PLC 的外部接线图接线。由于 I0.01～I0.7，I1.0～I1.3 已经连接到外设实验箱上，所以实验箱上输入的插孔直接连线到按钮，表示控制器输入触点已和外部开关接通了。另外，Q0.0～Q0.7 也已经连接到外设的实验箱上，把实验箱上 Q0.0 插口连线到声光显示上即可。

(3) 下载运行。程序编写完成后，单击 ![icon] 键即可进行编译。当编译无误后，单击 ![icon] 图标进行下载。下载完成后，单击 ![icon] 图标运行。运行前必须将 PLC 置于"RUN"状态。

六、预习思考题

(1) 简述定时器指令 TON、TOF 和 TONR 的工作特性。

(2) 用一个开关控制一盏灯。要求：开关闭合 3 s 后灯亮，开关断开 5 s 后灯灭。

(3) 设计指示灯闪烁报警器。要求：系统接通指示灯闪烁，闪烁频率 2 s(亮 1 s，灭 1 s)。

实验二　基础设计实验

本实验将通过基础程序设计实例，使读者掌握对某一确定的任务如何进行分析、确定 I/O 点数，如何进行电路设计，并详细介绍程序的编写方法。本节实例使用的是比较简单的指令，着重介绍程序的结构和逻辑关系，使读者能够迅速掌握西门子 S7 - 200 PLC 基本程序的编写方法，更好地加深对 S7 - 200 PLC 指令系统的理解。

一、电动机正、反转控制

1. 任务要求

实现对电动机进行正、反转的控制。

2. 任务分析

根据任务要求，对电动机进行正、反转控制，必须有正转、反转启动按钮，停止按钮输入点，正转、反转输出线圈，共需 I/O 点 5 个。I/O 分配表见表 4-13。

表 4-13 I/O 分配表

	I/O 点	信号元件	元件或端子位置	功 能
输入信号	I0.0	按钮	直线运行实验呼梯区	正转启动按钮
	I0.1	按钮	直线运行实验呼梯区	反转启动按钮
	I0.2	按钮	直线运行实验呼梯区	停止按钮
输出信号	Q0.0	正转	旋转运动实验区	电动机正转运行
	Q0.1	反转	旋转运动实验区	电动机反转运行

3. 程序编写

根据控制要求编写 PLC 梯形图程序，如图 4.24 所示。PLC 接线图如图 4.25 所示，实验箱接线端子图如图 4.26 所示。

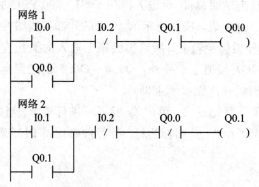

图 4.24 梯形图

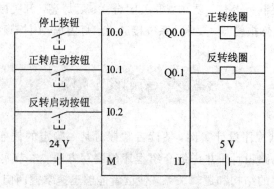

图 4.25 PLC 接线图

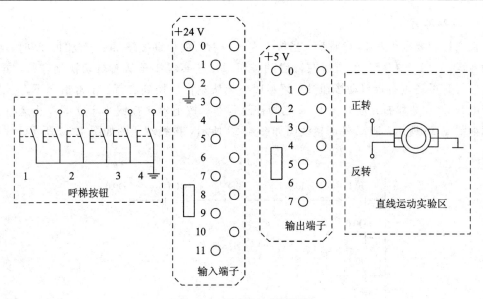

图 4.26　实验箱接线端子图

二、小车直线行驶自动往返控制

1. 任务要求

小车直线行驶自动往返控制示意图如图 4.27 所示，要求按下列规则控制小车的运行：小车左、右行可以任意启动并且可以切换；正常情况下小车在左光电开关和右光电开关之间往返运行；当按下停止按钮时，不管小车行驶在何位置，小车都应该停止运行。

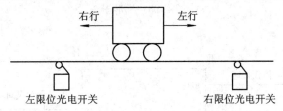

图 4.27　小车往返运行图

2. 任务分析

根据任务要求，小车运行首先有左、右启动按钮，并且有左、右限位光电开关和停止按钮等 5 个数字量输入点；小车左、右行驶需 2 个数字量输出点。I/O 分配见表 4 - 13。

表 4 - 13　I/O 分配表

	I/O 点	信号元件	元件或端子位置	功　能
输入信号	I0.0	按钮	直线运行实验呼梯区	停止按钮
	I0.1	按钮	直线运行实验呼梯区	左行启动按钮
	I0.2	按钮	直线运行实验呼梯区	右行启动按钮
	I0.3	按钮	直线运行实验左检测区	左限位光电开关
	I0.4	按钮	直线运行实验右检测区	右限位光电开关
输出信号	Q0.0	电动机正转	直线运动实验区	小车左行
	Q0.1	电动机反转	直线运动实验区	小车右行

3. 程序编写

根据控制要求编写 PLC 程序。当按下左行或右行的启动按钮"I0.1"或"I0.2"时,小车启动并运行。小车右行时可通过左行启动按钮"I0.1"实现小车从右行切换到左行,同理,小车左行时可通过右行启动按钮"I0.2"实现小车从左行切换到右行。正常情况下,小车在左光电开关 I0.3 和右光电开关 I0.4 之间往返运行。按下停止按钮小车立即停止运行。梯形图如图 4.28 所示,PLC 外部接线图如图 4.29 所示,接线端子图如图 4.30 所示。

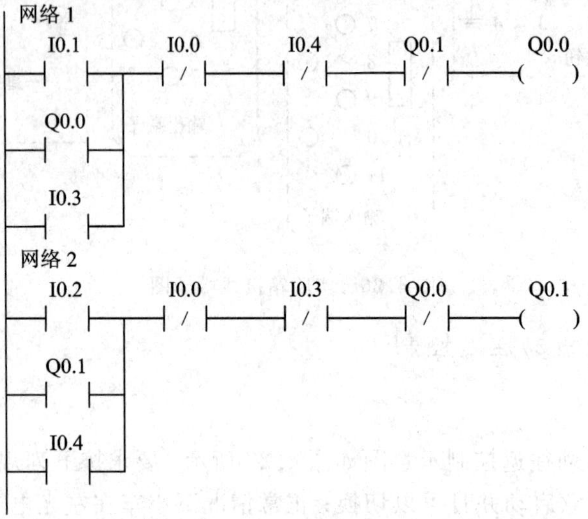

图 4.28　梯形图

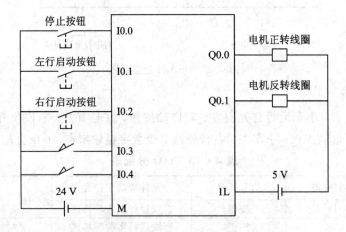

图 4.29　小车接线图

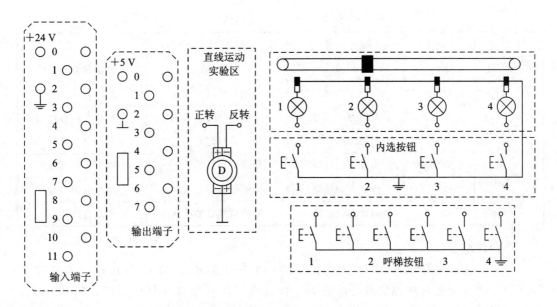

图 4.30 实验箱接线端子图

三、十字路口交通信号灯控制实验

1. 任务要求

十字路口交通信号灯控制要求：接通开关东西方向通行绿灯亮 40 s，黄灯闪烁 5 s，然后禁止通行，红灯亮 45 s；按下按钮的同时南北方向禁止通行，红灯亮 45 s，通行绿灯亮 40 s，黄灯闪烁 5 s。如此循环，直至断开开关，所有指示灯熄灭。

2. 任务分析

依照十字路口交通灯的控制要求及控制规律，工作时序图如图 4.31 所示，I/O 分配见表 4-14。

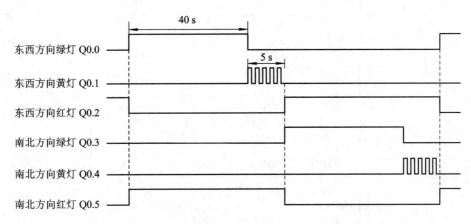

图 4.31 时序图

表 4 - 14 I/O 分配表

	I/O 点	信号元件	元件或端子位置	功　能
输入信号	I0.0	开关	开关区	系统启动开关
输出信号	Q0.0	东西方向绿灯	交通信号灯实验区	东西方向通行
	Q0.1	东西方向黄灯	交通信号灯实验区	东西方向等待
	Q0.2	东西方向红灯	交通信号灯实验区	东西方向禁行
	Q0.3	南北方向绿灯	交通信号灯实验区	南北方向通行
	Q0.4	南北方向黄灯	交通信号灯实验区	南北方向等待
	Q0.5	南北方向红灯	交通信号灯实验区	南北方向禁行

3. 程序编写

由交通灯工作时序可知,交通灯信号的一个工作循环为 90 s,可由定时器 T37 及常闭触点组成自振荡电路,其当前值等于预设值时定时器自动复位。对于东西向绿灯 Q0.0 来说,应在 T37 的当前值大于 0 且小于等于 400 时为"1";对于东西向黄灯 Q0.1 来说,应在 T37 的当前值大于且小于等于 450 时呈闪烁状态;东西向红灯 Q0.2 应在 T37 的当前值大于 450 时为"1"。南北向各交通灯的工作原理与之类似。梯形图如图 4.32 所示,PLC 外部接线如图 4.33 所示,接线端子图如图 4.34 所示。

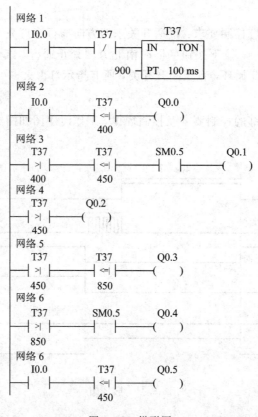

图 4.32　梯形图

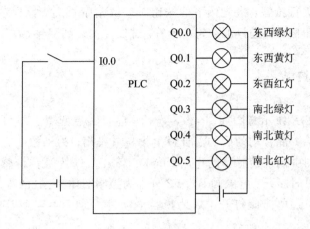

图 4.33　交通灯接线图

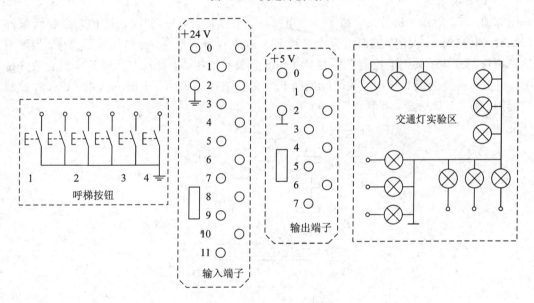

图 4.34　实验箱接线端子

第四节　综合设计实验

本实验读者根据实验任务及控制要求自行完成。通过实验使读者掌握西门子 S7 - 200 PLC 控制的分析方法、电路设计及程序的编写技巧。

1. 用一个按钮控制两盏灯

任务要求：第一次按下按钮后第一盏灯亮；第二次按下按钮后第二盏灯亮；第三次按下按钮后两盏灯全亮；第四次按下按钮后两盏灯全熄灭。试设计梯形图程序，I/O 分配，并利用实验箱完成调试。

2. 抢答器设计

任务要求：系统有 3 个抢答器按钮，对应 3 个指示灯，出题人提出问题后，答题人按下各自的抢答器按钮进行抢答,最先按下的按钮对应的指示灯亮,抢到答题权并进行答题。出题人按下复位按钮后,可进行下一轮的抢答。试设计梯形图程序,I/O 分配,并利用实验箱完成调试。

3. 混料罐配料控制

1)系统组成

混料罐配料控制系统示意图如图 4.35 所示。混料罐有两个进料口用来配料,罐内有搅拌器用来搅拌混合,混合均匀后的混合料由排料口排出,为了控制方便,在罐侧壁装有三个液位传感器。图中阀及传感器的作用:LS1、LS2、LS3 为液位传感器,当液体淹没传感器时接通,未淹没时断开;电磁阀 F1、F2 分别为控制液体 A、B 的流入,电磁阀 F3 控制混合好的液体排出,通电时阀打开;M 为搅拌电动机,通电时接触器吸合,电动机转动,搅拌器工作。

2)任务要求

如图 4.35 所示,初始时,罐为空;电控阀 F1 打开,液体 A 流入罐内;当液面淹没LS2 时,电控阀 F1 关闭,同时打开电控阀 F2,液体 B 流入管内,此时搅拌器搅拌;当液面达到液位 LS1 时,关闭电控阀 F2,搅拌 1 min 后关闭搅拌器,打开电控阀 F3,混合液体排出;当液面下降低于 LS3 时,关闭电控阀 F3,停止液体排出。一个循环结束。试设计控制梯形图程序,I/O 分配,并利用实验箱完成调试。

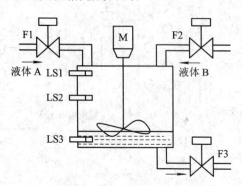

图 4.35　混料罐配料控制系统示意图

第 5 章　电子电路仿真设计实验

随着现代计算机技术的发展，传统电子电路设计手段逐步被 EDA（Electronic Design Automation）所取代，EDA 主要包括电路设计、电路仿真和系统分析三方面的内容。常用的 EDA 软件有 Protel、Pspice、Orcad 和 EWB（Electronic Workbench）系列软件，EWB 系列软件最具有代表性的为 Multisim 仿真软件。此外，NI ELVIS 虚拟教学仪器套件也广泛用于电子电路设计与仿真。

第一节　Multisim 软件概述

一、Multisim 软件简介

Multisim 软件是加拿大图像交互技术公司（Interactive Image Technoligics，简称 IIT 公司）推出的用于电路仿真与设计的 EDA 软件。Multisim 软件具有强大的仿真分析功能，可以进行电路设计、电路功能测试的虚拟仿真。

Multisim 软件的虚拟测试仪器、仪表种类齐全，有一般实验室所用的通用仪器，如直流电源、函数信号发生器、万用表、双踪示波器，还有一般实验室少有或没有的仪器，如波特图仪、数字信号发生器、逻辑分析仪、逻辑转换器、失真仪、频谱分析仪和网络分析仪等。该软件的元器件库中有数以万计的电路元器件供实验选用，不仅提供了元器件的理想模型，还提供了元器件的实际模型，同时还可以新建或扩充已有的元器件库，而且建库所需的元器件参数可以从生产厂商的产品使用手册中查到，与生产实际紧密相联，可以非常方便地用于实际的工程设计。

该软件可以对被仿真电路中的元器件设置各种故障，如开路、短路和不同程度的漏电等，从而观察不同故障情况下的电路工作状态，还可以存储测试点的所有数据，列出被仿真电路的所有元器件清单以及存储测试仪器的工作状态、显示波形和数据等；该软件还具有多种电路分析功能，如直流工作点分析、交流分析、瞬态分析、傅里叶分析、失真分析、噪声分析、直流扫描分析、参数扫描分析等，便于设计人员对电路的性能进行分析、判断和验证。

因此，较之于传统的实物实验，基于 Multisim 软件的仿真实验主要有以下特点：

（1）仪表器件齐全。设计和实验用的元器件及测试仪器、仪表齐全，可以克服传统实验室的各种条件限制，完成各种类型的电路设计与实验。

（2）实验成本低。实验中不消耗实际的元器件，实验所需元器件的种类和数量不受限制。有些实验设备价格昂贵，使用复杂，在一般传统实验室里很难为学生提供使用机会，而在虚拟实验室里则可轻而易举地解决这个难题,让学生随心所欲地调用各种实验设备。

(3) 实验效率高。仿真实验可以克服传统实验中所遇到的诸多因素的干扰,例如,不会因为实验设备的损坏、接触不良而影响实验的正常进行,从而使实验结果能更好地反映出实验的本质过程,更加快捷、准确。

(4) 分析方法多样。可以完成电路的瞬态分析和稳态分析、时域和频域分析、器件的线性和非线性分析、电路的噪声分析和失真分析、离散傅里叶分析、电路零极点分析、交直流灵敏度分析等,使设计与实验可以同步进行,修改调试方便。还可直接打印输出实验数据、测试参数、曲线和电路原理图。

运用 Multisim 软件进行计算机仿真实验,学生可以方便、快捷地把所学理论知识用计算机仿真软件真实地再现出来,不仅可以克服传统实验室各种条件的限制,还可以针对不同的目的进行训练(如设计、测试、验证、纠错、创新等),使学生的分析、应用、设计和创新能力得到提高。

二、Multisim 软件的功能介绍

Multisim 软件的工作界面非常直观,形象逼真。本书以 Multisim 10 为例介绍 Multisim 软件的使用方法。

1. Multisim 的主窗口

Multisim10 的主窗口界面主要由标题栏、菜单栏、系统工具栏、设计工具栏、使用中的元件清单、仿真开关、元器件工具栏、仪器仪表栏、电路编辑窗口、状态栏等几个部分组成,如图 5.1 所示。

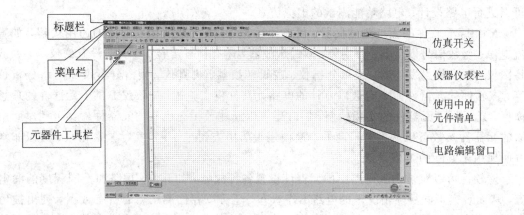

图 5.1　Multisim10 的用户界面

2. 标题栏

位于主窗口的最上部,显示当前运行的软件名称。标题栏的下面是菜单栏,通过菜单可以对 Multisim 软件的所有功能进行操作,如 File(文件菜单)、Edit(编辑菜单)、View(视图菜单)、Help(帮助菜单)等。此外,还有一些 EDA 软件专用的选项,如 Place(放置菜单),Simulate(仿真菜单),Transfer(文件输出菜单)、Options(选项菜单)等。

3. 菜单栏

菜单栏与所有 Windows 应用程序类似,主菜单中提供了软件几乎所有的功能命令。

Multisim10 菜单栏中包含 12 个主菜单项，如图 5.2 所示，分别为文件(File)菜单、编辑(Edit)菜单、视图(View)菜单、放置(Place)菜单、MCU 单片机仿真模块、仿真(Simulate)菜单、转换(Transfer)菜单、工具(Tools)菜单、报表(Reports)菜单、选项(Options)菜单、窗口(Window)菜单和帮助(Help)菜单。在每个主菜单下都有一个下拉菜单，用户可以从中找到电路文件的存取、SPICE 文件的输入和输出、电路图的编辑、电路的仿真与分析以及在线帮助等各项功能的命令。

文件(F)　编辑(E)　视图(V)　放置(P)　MCU　仿真(S)　转换(A)　工具(T)　报表(R)　选项(O)　窗口(W)　帮助(H)

图 5.2　菜单栏

4. 元器件工具栏

Multisim10 软件元器件工具栏如图 5.3 所示。

图 5.3　元器件工具栏

- 信号源库：含接地、直流信号源、交流信号源、受控源等 6 类；
- 基本元器件库：含电阻、电容、电感、变压器、开关、负载等 18 类；
- 二极管库：含虚拟、普通、发光、稳压二极管、桥堆、晶闸管等 9 类；
- 晶体管库：含双极型晶体管、场效应晶体管、复合晶体管、功率晶体管等 16 类；
- 模拟集成电路库：含虚拟、线性、特殊运算放大器和比较器等 6 类；
- TTL 数字集成电路库：含 74STD 和 74LS 两大系列；
- CMOS 数字集成电路库：含 74HC 系列和 CMOS 系列器件的 6 个系列；
- 其他数字器件库：含虚拟 TTL、VHDL、Verilog - HDL 器件等 3 个系列；
- 模数混合器件库：含 ADC/DAC、555 定时器、模拟开关等 4 类；
- 指示器件库：含电压表、电流表、指示灯、数码管等 8 类；
- 电力器件库：含保险丝、稳压器、电压抑制、隔离电源等 9 类；
- 杂项器件库：含晶体振荡器、集成稳压器、电子管、熔丝等 14 类；
- 高级外围设备器件库：含键盘、LCD 和一个显示终端的模型；
- 射频元件库：含射频 NPN、射频 PNP、射频 FET 等 7 类；
- 电机类器件库：含各种开关、继电器、电机等 8 类。

5. 仪器仪表栏

Muhisim10 仪器仪表栏如图 5.4 所示。它是进行虚拟电子实验和电子设计仿真最快捷、形象的特殊窗口。仪器仪表栏含有 21 种用来对电路工作状态进行测试的仪器仪表，它们依次为数字万用表(Multimeter)、函数发生器(Function Generator)、功率表(Wattmeter)、双通道示波器(2 channel Oscilloscope)、四通道示波器(4 channel Oscilloscope)、波特图图示仪(Bode Plotter)、频率计数器(Frequency Counter)、字信号发生器(Word Generator)、逻辑分析仪(Logic Analyzer)、逻辑转换器(Logic Converter)、I - V 特性分析仪(IV - Analysis)、失真分析仪(Distortion Analyzer)、频谱分析仪(Spectrum Analyzer)、网络分析仪(Network Analyzer)、安捷伦信号发生器(Agilent Function Generator)、安捷伦

数字万能表（Agilent Multimeter）、安捷伦示波器（Agilent Oscilloscope）、泰克示波器（Tektronix Oscilloscope）、测量探针（Measuring probe）、Labview 测试仪（Labview testing instrument）和电流探针（Current Probe）。

图 5.4　仪器仪表栏

6. 使用中的元件清单

在使用中的元件清单中列出了当前电路所使用的全部元件，以便检查和重复调用，如图 5.5 所示。

图 5.5　使用中的元件清单

7. 电路编辑窗口

电路编辑窗口是进行电子设计的工作视窗，电路图的编辑绘制、仿真分析及波形数据显示等都在此窗口中进行。

8. 仿真开关

仿真开关包括运行开关、暂停仿真开关、停止仿真开关三个开关，用以控制仿真进程，如图 5.6 所示。

图 5.6　仿真开关

三、Multisim10 软件的基本使用方法

1. 电路文件的建立

依次执行"开始"/"程序"/"Multisim10"命令，启动后程序将自动建立名为"Circuit"的空白电路文件，保存该文件并重命名。

2. 元件的调用

Multisim10 软件为用户提供了丰富的元件和虚拟仪器仪表，用户可以方便地从各个工具栏中调用。元件工具栏上的每一个按钮都对应一个元件库，元件库里面放置着同一类型的元件。用户可以根据需求从相应的元件库中选取需要的元件，如果不知道要选取的元件属于哪个元器件库，可以执行放置（Place）菜单中的元件（Component）命令来调用元件。通过双击元件可以对元件的参数进行设置。例如：

（1）直流电源的调用。点击元件栏的放置信号源选项，出现如图 5.7 所示的对话框。

① "数据库"选项，选择"主数据库"。

② "组"选项里选择"Sources"（源类）。

③ "系列"选项里选择"POWER_SOURCES"（电源）。

④"元件"选项里，选择"DC_POWER"（直流电源）。

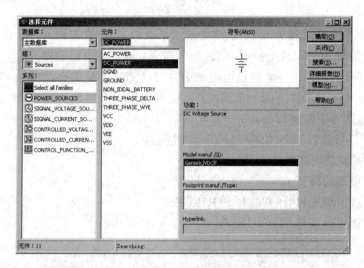

图 5.7　电源的调用

选择好电源符号后，点击"确定"按钮，移动鼠标到电路编辑窗口，选择放置位置后，点击鼠标左键即可将电源符号放置于电路编辑窗口中。放置完成后，将会弹出元件选择对话框，可以继续放置，点击"关闭"按钮可以取消放置。在电路编辑窗口中双击该电源符号，在出现的属性对话框中可以更改该元件的值。

（2）电阻的调用。点击"放置基础元件，弹出如图 5.8 所示对话框。

①"数据库"选项，选择"主数据库"。

②"组"选项里选择"Basic"（基础类）。

③"系列"选项里选择"RESISTOR"（电阻）。

④"元件"选项里选择"1 k"。

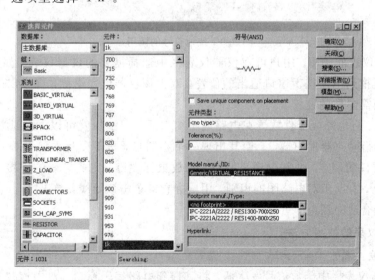

图 5.8　电阻的调用

若需要多个电阻元件，则重复以上操作即可。也可采用在电路编辑窗口中鼠标点击选中元件，鼠标右键选择"复制"，然后再点击电路编辑窗口，鼠标右键选择"粘贴"，即可得到多个元件。在电路编辑窗口中双击该电阻符号，在出现的属性对话框中可以更改该元件的值。

如果要改变电阻的放置方式（垂直放置或水平放置），则右击该元件，在弹出的快捷菜单中执行"顺时针旋转 90°"或"逆时针旋转 90°"命令，则可将电阻旋转。

（3）接地符号的调用。接地端是电路的公共参考点，接地取自电源组，电路中可以有多个接地符号，实际上是属于同一个接地点，也可以用一个接地连接多个元件。如果电路没有接地端，电路将不能进行仿真。

点击"放置信号源"，弹出如图 5.9 所示对话框。

① "数据库"选项，选择"主数据库"。

② "组"选项里选择"Sources"（源类）。

③ "系列"选项里选择"POWER_SOURCES"。

④ "元件"选项里选择"GROUND"。

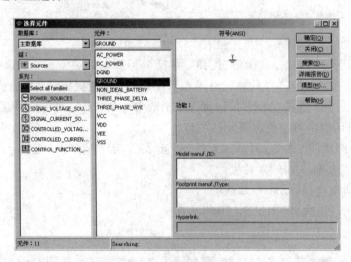

图 5.9　接地符号的调用

（4）仪器仪表的调用。用户可在仪器仪表栏中选择需要的仪器仪表，如图 5.1 所示，单击图标将其拖到电路编辑窗口适当的位置。双击该仪器仪表图标，在弹出的参数设置对话框中进行所需参数的设置。

（5）连线。将电路元器件放置在电路编辑窗口后，用鼠标就可以方便地将元器件连接起来。将鼠标指向元器件的端点，使其出现一个小圆点，按下鼠标左键并拖拽出一根导线至另一个元器件的端点，使其出现小圆点，释放鼠标左键，完成导线的连接。导线可设置为不同的颜色，有助于对电路图的识别。用鼠标右键单击该导线，弹出"Color"（导线颜色）对话框，选择合适的颜色即可。

3. 测试仪表的使用方法

1）信号发生器

单击仪器仪表栏中函数信号发生器，将其拖到电路编辑窗口。双击该仪器图标，在弹出的参数设置对话框中可进行波形选择，对信号的频率、占空比、振幅、偏移进行设置，如图 5.10 所示。

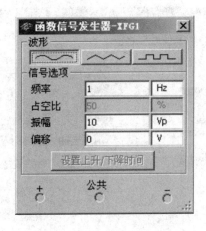

图 5.10　信号发生器参数设置

2）电压表

点击"放置指示器"，弹出如图 5.11 所示对话框。

① "数据库"选项选择"主数据库"。

② "组"选项里选择"Indicators"（指示器）。

③ "系列"选项里选择"VOLTMETER"（电压表）。

④ "元件"选项里选择"VOLTMETER_V"。

点击"确定"按钮将电压表放置在电路编辑窗口中，与待测电路并联连接。

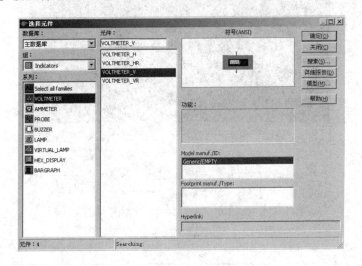

图 5.11　电压表

3）电流表

点击"放置指示器"，弹出如图 5.12 所示对话框。

① "数据库"选项选择"主数据库"。

② "组"选项里选择"Indicators"（指示器）。

③ "系列"选项里选择"AMMETER"（电流表）。

④ "元件"选项里选择"AMMETER_H"。

点击"确定"按钮将电流表放置在电路编辑窗口中，与待测电路串联连接。

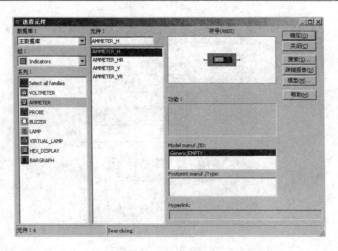

图 5.12　电流表

4) 示波器

单击仪器仪表栏中示波器图标,将其拖到电路编辑窗口。Multisim 10 提供的虚拟双通道示波器与实际的示波器外观和基本操作基本相同,双击该仪器图标,该示波器可以观察一路或两路信号波形的形状,分析被测周期信号的幅值和频率,时间基准可在秒直至纳秒范围内调节,示波器有 A 通道和 B 通道两个输入端口,如图 5.13 所示。

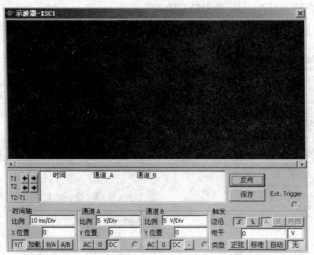

图 5.13　示波器

第二节　RC 串联电路暂态过程仿真研究

一、实验目的

1. 通过仿真进一步掌握 RC 串联电路暂态过程的特性。
2. 学习使用虚拟仪器仪表。

二、实验电路

RC 充放电电路原型图如图 5.14 所示。

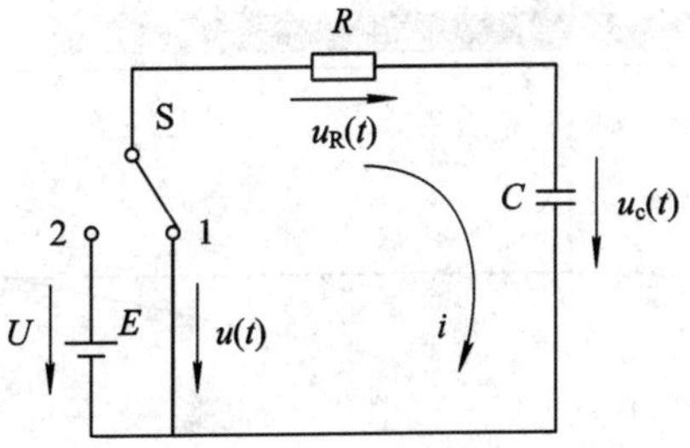

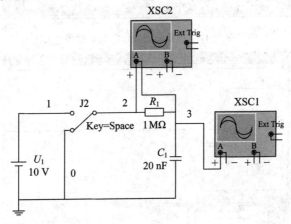

图 5.14　RC 充放电电路原理图

三、实验内容

1. 在电路窗口中建立如图 5.15 所示电路。

图 5.15　RC 充放电电路图

2. 观测 RC 电路的充放电过程。

图 5.15 中，$R=1$ MΩ，$C=20$ nF。

（1）单击仿真开关。

（2）双击打开示波器。

（3）切换单刀双掷开关，观测电容、电阻的暂态过程，如图 5.16～图 5.19 所示。

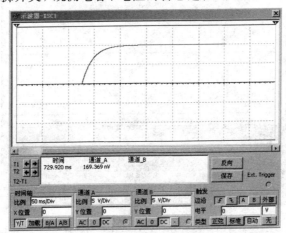

图 5.16　电容电压（电容充电过程）

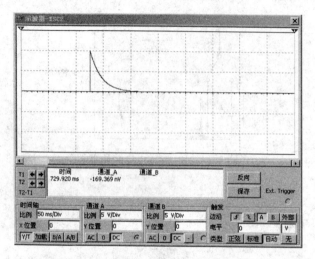

图 5.17　电阻电压(电容充电过程)

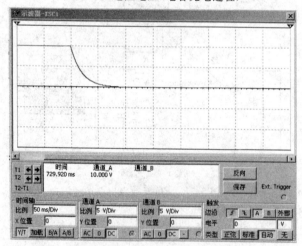

图 5.18　电容电压(电容放电过程)

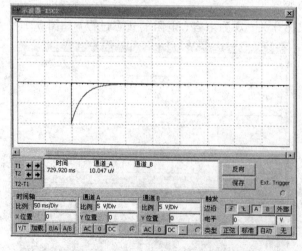

图 5.19　电阻电压(电容放电过程)

（4）改变电容值，$R=1\ \mathrm{M\Omega}$，$C=40\ \mathrm{nF}$，观察暂态过程，如图 5.20～5.23 所示。

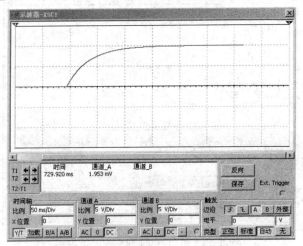

图 5.20　电容电压(电容充电过程)

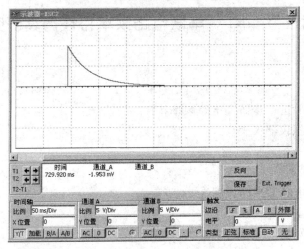

图 5.21　电阻电压(电容充电过程)

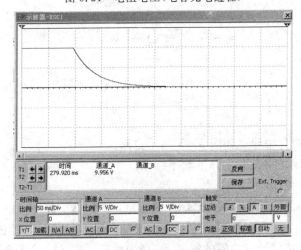

图 5.22　电容电压(电容放电过程)

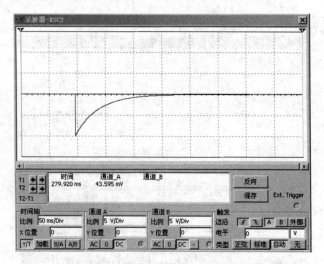

图 5.23　电阻电压（电容放电过程）

第三节　RLC 串联电路频率特性仿真研究

一、实验目的

1. 通过仿真实验进一步研究电路频率特性。
2. 学习使用虚拟仪器仪表。

二、实验电路

RLC 串联谐振电路原理图如图 5.24 所示。

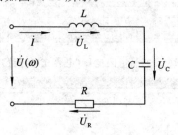

图 5.24　RLC 串联谐振电路原理图

三、实验内容

1. 在电路编辑窗口中建立如图 5.25 所示电路。
2. 寻找谐振频率 f_0，分析电路的频率特性。

（1）单击仿真开关。

（2）双击虚拟函数信号发生器，选择正弦信号，$U=1$ V，并保持整个测量过程中不变。调节信号发生器的频率，同时观察电容及电感两端电压表的读数，当它们相等时，电路发生谐振，读出这时函数信号发生器的频率 f，即为谐振频率 f_0。读出电阻 R 上的电压 U_{R0}，

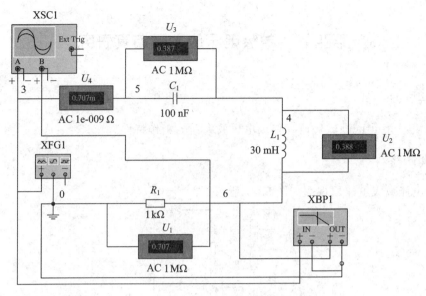

图 5.25　RLC 串联电路

电感 L 上的电压 U_{L0}，电容 C 上的电压 U_{C0}，将数据记入表 5 - 1 中，并计算 Q 值。改变电阻的值 $R=200\ \Omega$，重新测取数据。

表 5 - 1　谐振点数据记录

R	f_0/kHz	U_{RO}/V	U_{LO}/V	U_{CO}/V	Q
1 kΩ					
200 Ω					

　　(3) 频率特性分析。双击波特图示仪，出现如图 5.26 所示的测量面板，显示屏显示的是测量幅频特性曲线。波特图示仪参数设置：模式选择幅度，水平轴与垂直轴选择对数方式，水平轴刻度初始值(I)和最终值(F)分别设置为 1Hz 和 1MHz，垂直轴刻度初始值(I)和最终值(F)分别设置为 -100 db 和 20 db。单击波特图示仪底部的 [←] 或 [→] 箭头，移动波特图示仪的垂直游标到幅频特性曲线的最高点，波特图示仪底部显示出谐振频率点。

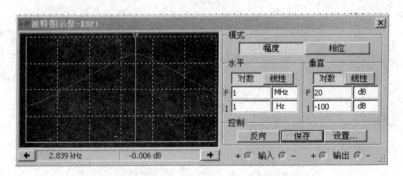

图 5.26　幅频特性曲线

四、注意事项

　　使用波特图示仪时，电路输入端必须接信号源，若没有信号源，电路不能进行仿真。

第四节　单级电压放大器仿真研究

一、实验目的

通过使用 Multisim 软件研究单级电压放大器的工作特性。

二、实验电路

单级电压放大电路原理图如图 5.27 所示。

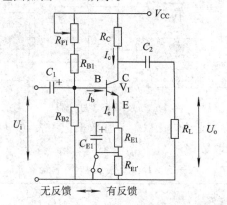

图 5.27　单级放大电路原理图

三、实验内容

（1）在电路窗口中建立如图 5.28 所示电路。

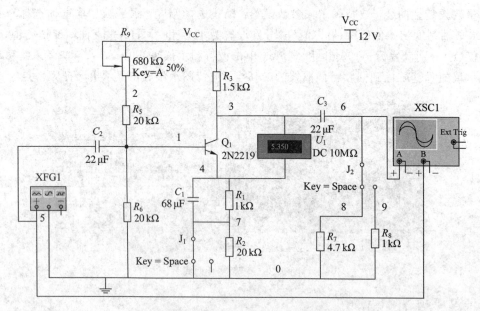

图 5.28　单级电压放大电路图

（2）调节放大器静态工作点。以放大器最大不失真输出为调整静态工作点的依据，静态工作点必须选择在交流负载线的中部。实验电路图如图 5.28 所示，将直流稳压电源 $+12\text{ V}$ 作为实验电路的电源。调节电位器 R_{P1}（680 kΩ），使 $U_{CE}=5\sim6\text{ V}$，用直流电压表测量其值 U_{CEQ}。将 J_1 开关打到左边无反馈。

（3）测量电压放大倍数及负载电阻 R_L 对放大倍数的影响。切换 J_2 开关改变负载电阻的值，用示波器读出输入和输出电压值（有效值），并计算电压放大倍数，记录数据到表 5-2 中，记录不同负载情况下的输出电压波形，如图 5.29～图 5.31 所示。

表 5-2 实验数据记录

R_L	U_i/mV	U_o/V	$A_U=\dfrac{U_o}{U_i}$
$R_L=\infty$			
$R_L=4.7\text{ k}\Omega$			
$R_L=1\text{ k}\Omega$			

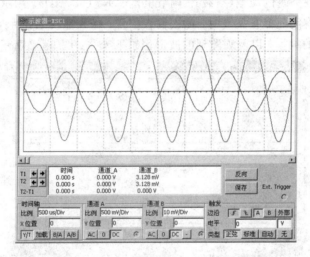

图 5.29 $R_L=\infty$ 时输入、输出波形图

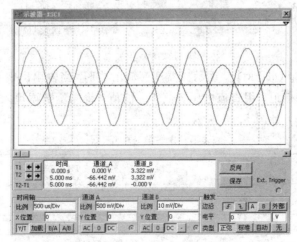

图 5.30 $R_L=4.7\text{ k}\Omega$ 时输入、输出波形图

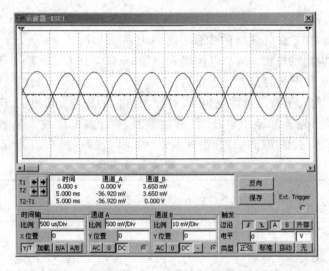

图 5.31 $R_L = 1\ k\Omega$ 时输入、输出波形图

(4) 截止和饱和失真的观测（空载）。调节电位器 R_{P1}（680 kΩ），用示波器观测输出电压波形，当输出电压有明显截止失真时，撤去输入信号，输入端接地，用直流电压表测出 U_{CE} 的值，并将测量出的数据，以及观测到的波形记录下来，如图 5.32 所示。

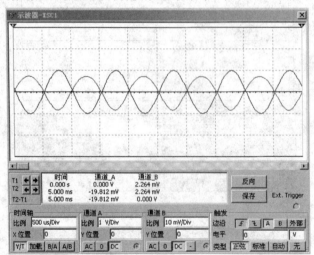

图 5.32 截止失真

反向调电位器 R_{P1}（680 kΩ），用示波器观察输出波形，当输出出现明显饱和失真时，撤去输入信号，输入端接地，用直流电压表测 U_{CE} 的值，将测量数据填入表 5-3 中，并将观测到的波形记录下来，如图 5.33 所示。

表 5-3 数 据 记 录

状 态	U_{CE}/V
截止	
饱和	

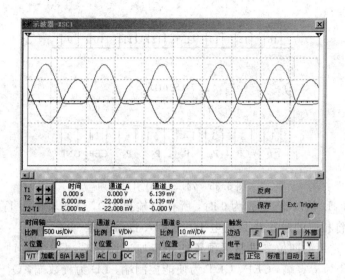

图 5.33　饱和失真

六、实验注意事项

（1）当负载电阻 $R_L = \infty$ 时，可将 J_2 开关与电容 C_3 相连的导线删除。

（2）观测输入、输出波形时，注意调整显示比例。

第五节　时序逻辑电路仿真研究

一、实验目的

通过仿真实验进一步研究时序逻辑电路的功能。

二、实验电路

74LS175D 引脚排列如图 5.34 所示，74LS161D 引脚排列如图 5.35 所示。

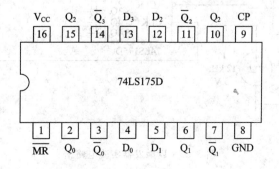

图 5.34　74LS175D 引脚排列

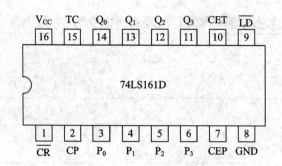

图 5.35　74LS161D 引脚排列

74LS175 为 4D 触发器。1 脚为 0 时,所有 Q 输出为 0,Q 非输出为 1;9 脚为时钟输入端,9 脚上升沿将相应的触发器 D 的电平,锁存入 D 触发器。

74LS161 是常用的四位二进制可预置的同步加法计数器,CP 为时钟,$P_0 \sim P_3$ 为四个数据输入端,CR 为清零端,CEP、CET 为使能控制端,LD 为置数端,$Q_0 \sim Q_3$ 为数据输出端。当清零端 CR＝"0",计数器输出 Q_3、Q_2、Q_1、Q_0 立即为全"0",这时为异步复位功能。当 CR＝"1"且 LD＝"0"时,在 CP 信号上升沿作用后,74LS161 输出端 Q_3、Q_2、Q_1、Q_0 的状态分别与并行数据输入端 D_3,D_2,D_1,D_0 的状态一样,为同步置数功能。只有当 CR＝LD＝CEP＝CET＝"1"、CP 脉冲上升沿作用后,计数器为计数状态。

三、实验内容

在电路窗口中分别建立如图 5.36 和图 5.37 所示电路。

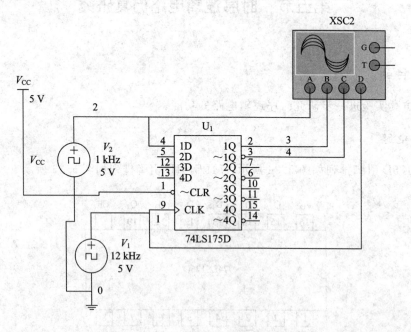

图 5.36　D 触发器实验电路图

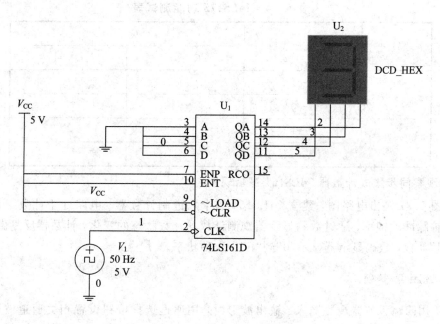

图 5.37　集成计数器电路图

五、实验内容及步骤

1. 验证 D 触发器的逻辑功能

按图 5.36 画出电路图，在图 5.36 中，将"CLR"端设为"1"，触发器在时钟"CLK"的作用下，输入"D"的状态由"Q"端输出，用四踪示波器观察输入、输出及时钟脉冲波形如图 5.38 所示。根据图 5.38 验证 D 触发器的逻辑功能，将结果记入表 5 - 4 中。

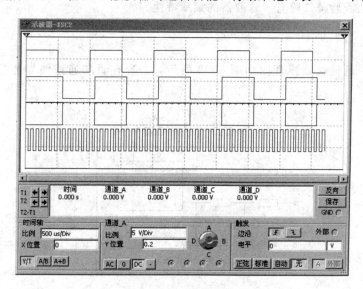

图 5.38　D 触发器输入、输出波形图

表 5-4 74LS175 功能测试表

D	CP	Q^{n+1}	
		$Q^n = 0$	$Q^n = 1$
0	0→1		
	1→0		
1	0→1		
	1→0		

2. 观察同步集成计数器 74LS161 逻辑现象

按图 5.37 画出电路图，建立 74LS161 的十六进制计数器。电路处于计数工作模式，改变时钟脉冲的频率，通过数码显示器观测计数器计数状态的变化，计数器反复由"0000"至"1111"计数，数码显示器显示"0"到"F"十六种状态。

六、实验注意事项

（1）用四踪示波器观测输入、输出波形时，用通道选择按钮设置相关通道波形位置，以便清楚观察波形。

（2）注意改变时钟脉冲的频率，观察显示器显示数码频率的变化。

第六节 二阶有源滤波器

一、实验目的

通过仿真实验验证二阶有源滤波器的频率特性。

二、实验电路

二阶有源低通滤波器原理图如图 5.39 所示，二阶有源高通滤波器原理图如图 5.40 所示。

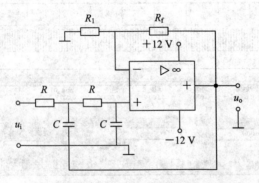

图 5.39 二阶有源低通滤波器原理图

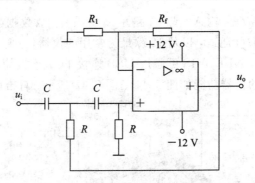

图 5.40　二阶有源高通滤波器原理图

三、实验内容

根据有源滤波器的原理图设计 Multisim 仿真电路，调试电路元件参数，技术指标如下：

(1) 低通滤波器：通带增益 $A_{UF}=2$；截止频率 $f_H=500$ Hz；$U_i=100$ mV；阻带衰减：不小于 -20 dB/10 倍频。

(2) 高通滤波器：通带增益 $A_{UF}=5$；截止频率 $f_L=100$ Hz；$U_i=100$ mV；阻带衰减：不小于 -20 dB/10 倍频。

用波特图示仪观察低通滤波器、高通滤波器的幅频特性。

第七节　NI ELVIS 简介

NI ELVIS(Educational Laboratory Virtual Instrumentation Suite，简称 ELVIS)虚拟仪器教学仪器套件是 NI 公司 2004 年推出的一套基于 LABVIEW 设计和原型创建的实验装置。NI ELVIS 虚拟仪器教学实验系统实际上就是将 LabVIEW 和 NI 的 DAQ 设备相结合，综合应用得到一个 LabVIEW 的教学实验产物，它包括硬件平台和软件平台两部分。硬件平台可以提供 16 路模拟测量通道和 32 路开关量测量通道，一块多功能数据采集卡，以及数字万用表、可变电源、函数发生器、任意波形发生器等资源，同时提供一块可供学生自由发挥的空白面板，结合 Multisim 仿真软件为课程实验及综合性课程设计提供友好的环境。此外，NI ELVIS 平台的接口完全开放，可以根据课程需要设计自己的附加电路板，与 NI ELVIS 平台的各种功能配合使用。软件平台包括针对 ELVIS 硬件进行程序设计的 LabVIEW 虚拟软件包及 NI‐DAQ。

该实验套件可插入一块原型实验面板，较适合教学实验和电子电路原型设计与测试，以便完成测量仪器、电子电路、信号处理、控制系统辅助分析与设计、通信、机械电子、物理等学科课程的学习和实验。NI ELVIS 实现了教学仪器、数据采集和实验设计一体化，用户可以在 LabVIEW 下编写应用程序以适应各自的设计实验；还可以进行电子线路设计，用平台中已经集成的仪器及软面板进行测试验证；可结合 NI Multisim 软件进行电路仿真，并通过软件快速比对仿真结果和实际搭建电路的测试结果；可自行开发实验电路板；可以通过 LabVIEW 编程实现自定义的数据处理、显示、存储等功能，或开发针对专业课程实验的软件程序。

NI ELVIS 集成 8 路差分输入（或 16 路单端输入）模拟数据采集通道（最高采样率 1.25MS/s）、24 路数字 I/O 通道，以及 12 款最为常用的仪器（包括 100MS/s 示波器、数字万用表、函数发生器等）。NI ELVIS 可通过 USB 连接 PC，连接简单，便于调试；NI EL-VIS 硬件平台及所提供的仪器功能如图 5.41、图 5.42 所示，自带面板如图 5.43 所示。

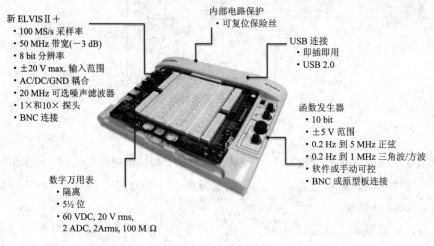

图 5.41　NI ELVIS 及提供的仪器功能

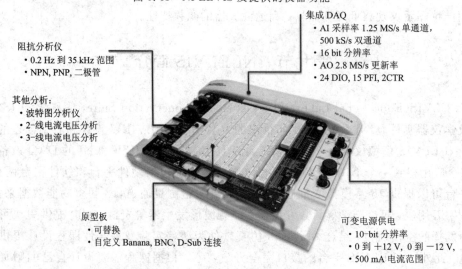

图 5.42　NI ELVIS 及提供的仪器功能

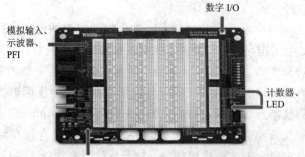

图 5.43　NI ELVIS 上自带的原型面板

第 6 章 综合设计与研究性实验

第一节 汽车自动定时闪光灯

一、实验目的

学习汽车自动定时闪光灯的工作原理，利用已有知识设计实现汽车自动定时闪光灯的定时控制。

二、实验设备及电子元件

直流电源、示波器、万用表；电阻、可变电阻、电解电容器、发光二极管、555 定时器等。

三、设计要求

汽车上的左、右转向灯是一种典型的自动定时闪光灯，汽车左转向时左头灯、左尾灯、仪表板左转向灯闪烁；汽车右转向时右头灯、右尾灯、仪表板右转向灯闪烁，闪烁频率为 1 Hz。

利用 555 定时器作为多谐振荡器，设计并实现汽车自动定时闪光灯的控制。

四、实验内容

（1）设计汽车自动定时闪光灯的系统电路原理图，模拟汽车转向时其转向灯的闪烁过程，闪烁频率为 1 Hz。

（2）确定元器件参数。

（3）运用 Multisim 仿真软件对所设计电路原理图进行仿真分析。

（4）根据仿真结果完善、优化、确定电路原理图。

（5）根据最终的电路原理图连接电路。

（6）观测汽车定时闪光灯的波形及频率。

（7）观察闪光灯的闪烁效果。

五、预习要求

（1）复习集成 555 定时器的结构、工作原理及特点，熟悉 555 定时器的基本应用。

（2）设计系统电路原理图。

第二节　函数信号发生器

一、实验目的

了解函数信号发生器的功能,学习信号发生器的工作原理,利用已有知识设计实现函数信号发生器。

二、实验设备及电子元件

直流稳压电源、双踪示波器;集成运放、稳压管、电位器、电容、三极管、电阻等。

三、设计要求

函数信号发生器是频率和幅值均可调节且在工程测试及试验中使用非常普遍的一类电子设备。

利用集成运放及相关电子器件设计并实现函数信号发生器,要求可输出正弦波、三角波、方波等信号,输出信号频率在 1 Hz~10 kHz 范围内可调,要求输出电压峰峰值:方波 $U_{0PP}=12$ V,三角波 $U_{0PP}=8$V,正弦波 $U_{0PP}\geqslant1$ V。

四、实验内容

(1) 设计函数信号发生器的电路原理图。
(2) 确定元器件的技术参数。
(3) 运用 Multisim 仿真软件对所设计电路原理图进行仿真分析。
(4) 根据仿真结果完善、优化、确定电路原理图。
(5) 根据最终的电路原理图连接电路。
(6) 用示波器观察函数信号发生器的输出波形,测量各波形的峰峰值及频率,检验各波形的峰峰值及频率是否满足设计要求。
(7) 调节可变参数,观察各波形频率、幅值的变化情况。

五、预习要求

(1) 复习正弦波、三角波、方波的产生电路。
(2) 设计函数信号发生器电路原理图。

第三节　二阶有源滤波器

一、实验目的

利用 RC 电路的频率特性,设计二阶 RC 有源滤波器。

二、实验设备及电子元件

直流稳压电源、示波器；电阻、电容、集成运放。

三、设计要求

利用集成运放等相关器件设计实现二阶有源滤波器。

滤波器的功能是允许某一频段的信号顺利通过，抑制或急剧衰减其他频率的信号，从而实现对有用信号的提取，广泛应用于通信、图像处理、模式识别等领域。

技术指标：

(1) 低通滤波器：通带增益 $A_{UF} = 2$；截止频率 $f_H = 100$ Hz；阻带衰减：不小于 -20 dB/10 倍频。

(2) 高通滤波器：通带增益 $A_{UF} = 5$；截止频率 $f_L = 100$ Hz；阻带衰减：不小于 -20 dB/10 倍频。

四、实验内容

(1) 设计二阶低通、高通滤波电路原理图。

(2) 计算并确定电路元件参数。

(3) 运用 Multisim 仿真软件对所设计的电路原理图进行仿真分析。

(4) 根据仿真结果完善、优化、确定电路原理图。

(5) 根据最终的电路原理图连接电路。

(6) 测试二阶有源滤波器的性能。(可用信号发生器与外负载构成电路来获得混频信号，将该混频信号作为有源滤波器的输入，测试有源滤波器的性能。)

五、预习要求

(1) 复习 RC 电路的频率特性。

(2) 设计二阶有源滤波器电路原理图。

第四节　数字电子钟

一、实验目的

学习数字电子钟的工作原理，利用数字电路知识设计实现数字电子钟。

二、实验设备及电子元件

直流稳压电源、示波器；三极管、电阻、晶体振荡器、与门 74LS08、D 触发器 74LS74、二进制计数器 CD4060、集成计数器 74LS90、集成译码器 74LS247、LED 数码管、蜂鸣器等。

三、设计要求

数字电子钟是一种用数字电路技术实现时、分、秒计时的钟表。与机械钟相比,它具有更高的准确性、直观性和更长的使用寿命,已得到广泛的使用。

利用集成电路及相关电子器件设计实现数字电子钟。

1. 基本要求

(1) 设计一个具有时、分、秒计时的数字电子钟电路,计时采用 24 小时制;

(2) 数字电子钟用 6 位 LED 数码管显示时、分、秒的计时值;

(3) 计时精度每天误差不超过 ±1 s。

2. 扩展要求

(1) 计时过程具有整点报时功能:在整点到达时,电路发出 1 声(或 5 声)迅响指示。

(2) 有快速校时功能,可以对时、分的计数值进行设定。

设计要求注释:数字时钟实际上是一个对标准频率(1Hz)进行计数的计数电路。振荡器产生的时钟信号经过分频器形成秒脉冲信号,秒脉冲信号输入计数器进行计数,并把累计结果以"时"、"分"、"秒"的数字显示出来。秒计数器电路计满 60 后触发分计数器电路,分计数器电路计满 60 后触发时计数器电路,当计满 24 小时后又开始下一轮的循环计数。

由于计数的起始时间不可能与标准时间(如北京时间)一致,所以需要在电路上加一个校时电路,可以对分和时进行校时。另外,计时过程要具有整点报时功能,当时间到达整点前 10 s 开始,蜂鸣器 1 s 响 1 s 停地响 5 次,即当时间达到 ×× 时 59 分 50 秒时蜂鸣器开始响第一次,并持续 1 s,然后停鸣 1 s,这样响 5 次。

数字钟一般由振荡电路、分频器、计数器、译码器、数码显示器等几部分组成。

振荡电路:主要用来产生时间标准信号。

分频器:振荡器产生的标准信号频率很高,需要经过一定级数的分频器进行分频才能获得"秒"信号。

计数器:有了"秒"信号,则可以根据 60 秒为 1 分、24 小时为 1 天的进制,设定"秒"、"分"、"时"的计数器分别为六十进制、六十进制、二十四进制计数器,并输出一分、一小时,一天的进位信号。

译码显示:将"时"、"分"、"秒"显示出来。将计数器的输出状态输入到译码器,产生驱动数码显示器的信号,呈现出对应的进位数字字型。

四、实验内容

(1) 设计数字电子钟的电路原理图。

(2) 确定元器件参数。

(3) 运用 Multisim 仿真软件对所设计电路原理图进行仿真分析。

(4) 根据仿真结果完善、优化、确定电路原理图。

(5) 根据最终的电路原理图连接电路。

(6) 测试数字电子钟的各项功能。

五、预习要求

(1) 复习 555 方波振荡器的应用。
(2) 复习分频的基本概念。
(3) 复习计数器的级联及计数、译码、显示电路的整体配合。
(4) 设计数字电子钟电路原理图。

第五节　声光双控灯

一、实验目的

学习声光双控灯的工作原理，利用已有知识设计实现声光双控灯的控制。

二、实验设备及电子元件

直流稳压电源；电阻、光敏电阻、电容、二极管、三极管、与非门 CD4011 集成芯片、驻极体话筒、灯泡。

三、设计要求

利用相关电子器件设计并实现声光双控灯。

声光双控灯在住宅小区楼道应用非常普遍，晚上有声音时自动点亮；声音消失几分钟后自动熄灭，白天即使有声音也不会亮。因此电路要有声光感应功能，实现有光时灭、无光有声时亮。

四、实验内容

(1) 设计声光双控灯的电路原理图。
(2) 确定元器件参数。
(3) 运用 Multisim 仿真软件对所设计电路原理图进行仿真分析。
(4) 根据仿真结果完善、优化、确定电路原理图。
(5) 根据最终的电路原理图连接电路。
(6) 测试声光双控灯的性能。

五、预习要求

(1) 复习相关器件的工作原理及应用。
(2) 设计声光双控灯电路原理图。

第六节　触摸式延时照明灯

一、实验目的

学习触摸式延时照明灯的工作原理，利用已有知识设计实现触摸式延时照明灯的控制。

二、实验设备及电子元件

直流稳压电源；电阻、电容、电极片、二极管、稳压管、三极管、晶闸管、555 定时器、灯泡。

三、设计要求

利用 555 定时器设计并实现触摸式延迟照明灯的控制。

触摸式延迟照明灯适用于门厅、楼梯和楼道等公共照明，可实现"人来灯亮、人离灯熄"。用手触摸开关灯亮 10 s 后自动熄灭。

四、实验内容

(1) 设计触摸式延迟照明灯的电路原理图。

(2) 确定元器件参数。

(3) 运用 Multisim 仿真软件对所设计电路原理图进行仿真分析。

(4) 根据仿真结果完善、优化、确定电路原理图。

(5) 根据最终的电路原理图连接电路。

(6) 测试触摸式延迟照明灯的性能。

五、预习要求

(1) 复习集成 555 定时器及相关器件的工作原理。

(2) 设计触摸式延迟照明灯电路原理图。

第七节　多层电梯控制器设计

一、实验目的

了解电梯的基本工作流程，完成一套电梯控制器的设计与调试。

二、实验设备及电子元件

电梯模型、计算机、可编程控制器、直流电源。

三、设计要求

电梯实验系统组成框图如图 6.1 所示。该系统由电梯模型（见图 6.2）、控制端子箱、接口板和控制器组成。电梯系统上电后，控制器进行系统复位，清除所有的输入、输出状态，准备开始运行。显示轿厢（箱体）当前所在的楼层，等待运行请求（内呼、外呼信号）输入。然后电梯将按以下基本原则运行。

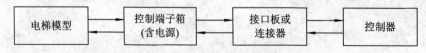

图 6.1　电梯控制系统组成框图

图 6.2　电梯模型

（1）无运行请求，停在原地（当前层）不动：当前层"内呼"请求无效，当前层"外呼"请求做开门和关门操作。

（2）运行方向有请求的楼层和当前位置的相对关系确定：高层请求向上运行，低层请求往下运行。

（3）停靠：在运行方向上，按请求的楼层顺序停靠。向上运行时，"内呼"请求层加上"外呼"上行请求层，按低层到高层顺序停靠；向下运行时，"内呼"请求层加上"外呼"下行请求层，按高层到低层顺序停靠。

（4）换向：在某一方向运行到请求的末层或极限层时将改变方向。即往上运行到最高请求层或顶层时，改为向下运行；往下运行到最低请求层或底层时，改为向上运行。

（5）指示：数码管总是显示轿厢所在的层号。上行时，点亮上行指示；下行时，点亮下行指示；不动时，上行、下行指示都不亮。内呼或外呼指示在相应的请求按钮动作后点亮，轿厢到达某层时，将把该层的"内呼"或当前运行方向的"外呼"指示熄灭；"开门"、"关门"指示只有在轿厢停止且相应的按钮也被按下时才点亮，否则保持熄灭状态。

（6）开门和关门：电梯运行时保持关门状态，不允许开门。轿厢停靠某层时自动开门，开门需要一定的时间，门全打开后，等待一段时间（10 s）后自动关门或按内呼的"开门"、"关门"请求执行，三者的优先顺序从高到低依次为"开门"、"关门"、"自动关门"。必须在门关严后才能继续下一个运行操作。

四、实验内容

（1）使用电梯模型，设计、连接单台电梯的控制电路。

（2）分步调试各控制单元和显示单元。

（3）整体调试。

（4）选做：两台电梯联动控制。起始位置，两台电梯分别停于底层和顶层；一种类型的请求只有一台电梯响应，使运行效率最高。

五、预习要求

（1）仔细阅读《电梯模型使用说明》，了解电梯模型的组成、控制连接端子的形式和功能。

（2）设计电梯控制电路。

（3）设计电梯控制程序流程图。

（4）根据流程图编写逻辑控制程序。

（5）拟订调试步骤。

第八节　升降横移式立体车库综合控制

一、实验目的

了解升降横移式立体车库的基本工作流程，完成一套立体车库控制器的设计与调试。

二、实验设备及电子元件

立体车库实物教学实训装置 1 套，可编程控制器、计算机各 1 台。

三、设计要求

升降横移式立体车库的工作原理图如图 6.3 所示，设计要求如下：

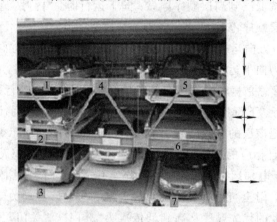

图 6.3　升降横移式立体车库工作原理图

（1）1 号车位、4 号车位、5 号车位只能上下移动，不能左右移动；2 号车位、6 号车位既能上下移动也能左右移动；3 号车位、7 号车位只能左右移动，不能上下移动。

（2）最底层车位上 3、7 号车可以直接开出。

（3）上排车位的汽车，要想开出需要先按下相应车位标号呼叫按键，再按下叫车按键，然后下排车位先左右移动，让出位置，上排车位降至地面层，再开出车辆。

例如：4 号车可直接下降到地面层后进行存取；2、6 号车位必须通过 3、7 号车位横移出相应的空位，再下降到地面层进行存取；如需在 5 号车位存取车，则可将 6 号和 7 号车位向左移动一个车位，5 号车位直接下降即可；如需在 2 号车位存取车，则将 3 号车位右移一位，2 号车下降即可。

四、实验内容

（1）使用立体车库模型，设计、连接立体车库的控制器电路。

（2）调试各车位的车辆停放及进出功能。

五、预习要求

（1）仔细阅读《立体车库模型使用说明》，了解立体车库模型的组成及控制要求。

（2）设计立体车库控制电路。

（3）设计立体车库控制程序流程图。

（4）根据流程图编写逻辑控制程序。

（5）拟订调试步骤。

第7章　电工与电子技术实训

第一部分　电工技术实训

第一节　常用控制电器

一、转换开关

转换开关是一种多挡位、多触点、能够控制多回路的主令电器，可广泛用于各种配电线路中线路的换接、遥控和电流表、电压表的换相测量等，也可用于控制小容量电动机的启动、换向和调速。

转换开关由操作机构、面板、手柄及数个触头座等主要部件组成。当转动操作手柄时，可带动开关内部的凸轮转动，从而使触点按规定顺序闭合或断开。

转换开关的文字符号为 SA，图形符号如图 7.1(a)所示。(注：图(b)表中空格表示对应的触点不接通，"+"表示对应的触点接通)。转换开关实物如图 7.2 所示。

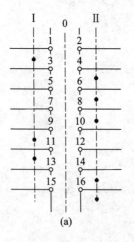

触头标号	I	0	II
1—2	+		
3—4			+
5—6			+
7—8			+
9—10	+		
11—12	+		
13—14			+
15—16			+

(a)　　　　　　　　　　　(b)

图 7.1　转换开关的图形符号及触头通断表

(a) 符号；(b) 触头通断表

注：各触点在手柄转到不同挡位时的通断状态用黑点"·"表示，有黑点者表示触头闭合，无黑点者表示触头断开。

图 7.2　转换开关实物图

二、按钮

按钮是一种短时接通或断开小电流电路的手动低压控制电器，常用于控制电路中，通过控制继电器、接触器等动作控制主电路的通断。

按钮由按钮帽、复位弹簧、桥式动触头、静触头和外壳等组成。一般为复合式，即同时具有常开、常闭触头，按下时常闭触头先断开，然后常开触头闭合；去掉外力后在复位弹簧的作用下，常开触头断开，常闭触头复位。

按钮的文字符号为 SB，图形符号如图 7.3 所示。按钮实物如图 7.4 所示。

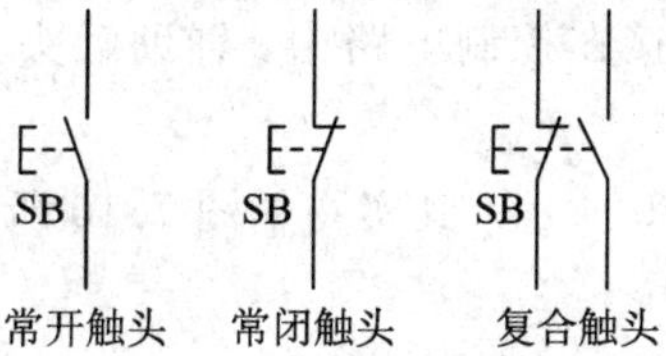

图 7.3　按钮的图形符号

图 7.4　按钮的实物图

三、隔离开关

隔离开关是在电路中起隔离作用，在分位置时，触头间有符合规定要求的绝缘距离和明显的断开标志，在合位置时，能承载正常回路条件下的电流及在规定时间内异常条件（例如短路）下的电流的开关设备。

刀开关是一种典型的隔离开关，它是手控电器中最简单而使用又较广泛的一种低压电器。常用刀开关有单投刀开关、双投刀开关、熔断器式刀开关等。

隔离开关的文字符号为 QS，图形符号如图 7.5 所示。隔离开关实物如图 7.6 所示。

图 7.5　图形符号

图 7.6　隔离开关的实物图

四、空气开关

空气开关也称为空气断路器，是低压配电网络和电力拖动系统中非常重要的一种电器，它集控制和多种保护功能于一身。除了能完成接触和分断电路外，尚能对电路或电气设备发生的短路、严重过载及欠电压等现象进行保护。空气开关按极数可分为单极、两极和三极。

空气开关的文字符号为 QF，图形符号如图 7.7 所示。空气开关的实物如图 7.8 所示。

单极　　　三极

图 7.7　空气开关的图形符号　　　　　　　图 7.8　空气开关的实物图

五、交流接触器

交流接触器是一种电磁式自动开关，主要用于远距离频繁接通和断开交流主电路及大容量控制电路。其主要控制对象是电动机。

交流接触器主要由铁心、线圈和触头三部分组成。当线圈通电后，吸引上铁心，从而使动合触头闭合。交流接触器的触头分为主触头和辅助触头两种。主触头能通过较大的电流，接在主电路中；辅助触头通过的电流较小，通常接在控制电路中，辅助触头又分为常开触头（动合触头）和常闭触头（动断触头）两种。

交流接触器的文字符号为 KM，图形符号如图 7.9 所示，其实物如图 7.10 所示。

线圈　　　主触头　　　辅助常开触头　　辅助常闭触头

图 7.9　交流接触器的图形符号

图 7.10　交流接触器的实物图

六、中间继电器

中间继电器是将一个输入信号变成多个输出信号，或将信号放大（增大触点容量）的继电器，其结构和交流接触器基本相同。

中间继电器的文字符号为 KA，图形符号如图 7.11 所示，其实物如图 7.12 所示。

线圈　　常开触头　常闭触头

图 7.11　中间继电器的图形符号　　　　　图 7.12　中间继电器的实物图

七、热继电器

热继电器是利用电流热效应原理，当热量积聚到一定程度时触点动作，从而切断电路，实现保护作用的电器。它主要用于电气设备的过载保护。使用热继电器时，将发热元件串接在主电路中，常闭触头串接在控制电路中，当主电路的电流超过允许值时，发热元件受热弯曲使常闭触头断开，使得接触器的线圈断电，从而切断主电路。

热继电器的文字符号为 FR，图形符号如图 7.13 所示，其实物如图 7.14 所示。

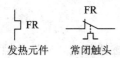

图 7.13　热继电器的图形符号　　　　　　图 7.14　热继电器的实物图

八、熔断器

熔断器(俗称保险丝)是低压配电系统和电力拖动系统中起短路保护作用的电器。它可以利用电流热效应切断电路。熔断器在使用时串接于被保护的电路中，当流过熔断器的电流大于额定电流值时，其自身产生的热量会使熔体熔断，从而切断电路，实现短路保护。

熔断器的文字符号为 FU，图形符号为 ─□─ 。其实物如图 7.15 所示。

图 7.15　熔断器的实物图

九、时间继电器

时间继电器是当吸引线圈通电或断电后其触点经过一定延时再动作的继电器，它是用来实现触点延时接通或断开的控制电器。按延时方式可分为接通延时、断开延时、定时吸合、循环延时四类。

时间继电器的文字符号为 KT，图形符号如图 7.16 所示，其实物如图 7.17 所示。

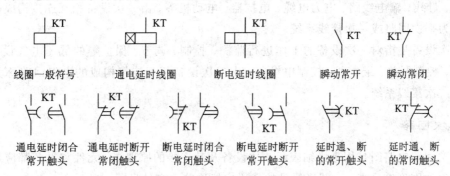

图 7.16　时间继电器的图形符号

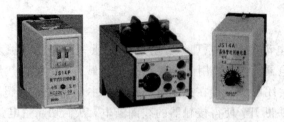

图 7.17　时间继电器的实物图

十、行程开关

行程开关又称限位开关或位置开关，其作用和原理与按钮相同，只是其触头的动作不是靠手动操作，而是利用生产机械某些运动部件的碰撞使其触头动作。

行程开关的文字符号为 SQ，图形符号如图 7.18 所示，其实物如图 7.19 所示。

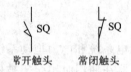

常开触头　　　常闭触头

图 7.18　行程开关的图形符号

图 7.19　行程开关的实物图

第二节　二次原理图的识别

一、电气一次设备和一次回路与电气二次设备和二次回路

一次设备是指直接输送和分配电能的电气设备，它包括变压器、断路器、隔离开关、接触器、母线、输电线路、电力电缆、电抗器、电动机等。由一次设备相互连接构成的电气回路称为一次回路或一次接线系统。

二次设备是指对一次设备的工作进行监测、控制、调节、保护等的低压电气设备，如熔断器、控制开关、继电器、控制电缆等。由二次设备相互连接构成的电气回路称为二次回路或二次接线系统。

二、二次回路

二次回路电路图是用来详细表示二次设备及其连接的原理图。元件和设备都应用国家统一规定的图形符号表示，图形符号的旁边应标注其文字符号。

二次回路图常用的图形符号如表 7－1 所示，常用的文字符号如表 7－2 所示。为了区
分同类的不同设备，可在字母后加数字，如 KM1、KM2 等；为了区分同一设备同类的不同
部件，如一个继电器有几对触点，第一对触点可用 KA1.1 表示，第二对触点可用 KA1.2
表示。

表 7－1 二次回路图常用的图形符号

序号	名 称	图形	序号	名 称	图形
1	操作器件一般符号		12	自动复位按钮	
2	具有两个绕组的操作器件		13	熔断器	
3	交流继电器线圈		14	指示仪表	
4	机械保持继电器线圈		15	记录仪表	
5	动合（常开触点）		16	积算仪表	
6	动断（常闭触点）		17	信号灯一般符号	
7	延时闭合的动合触点		18	蜂鸣器	
8	延时断开的动合触点		19	电铃	
9	延时闭合的动断触点		20	电喇叭	
10	延时断开的动断触点		21	电阻	
11	按钮开关（常开）		22	电容	

表7-2 常用的文字符号

序号	名称	字母	序号	名称	字母
1	转换开关	SA	6	中间继电器	KA
2	按钮	SB	7	热继电器	FR
3	隔离开关	QS	8	熔断器	FU
4	空气开关	QF	9	时间继电器	KT
5	接触器	KM	10	行程开关	SQ

二次回路中所有器件的表示均指在常态(非激励)下,器件的各元件可集中或分散表示,如表7-3所示。

表7-3 集中、分散表示法举例

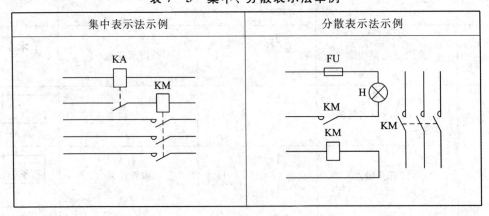

集中表示法示例	分散表示法示例

三、二次回路标号的标注方法

(1) 按"等电位"的原则标注,即在电气回路中,连接于一点的所有导线须标以相同的回路标号。

(2) 电气设备的触点、线圈、电阻、电容等元件所间隔的线段,即为不同的线段,给予不同的标号。

(3) 直流回路的标号正极性回路(编为奇数)由小到大;负极性回路(编为偶数)由大到小。每经过回路的主要压降元(部)件(如线圈、绕组、电阻等)后,即改变其极性,其奇偶顺序即随之改变。对不能标明极性的(如两个部件串联的中点)可任选奇数或偶数。

(4) 交流回路的标号除用数字编号外,还可加文字标号以示区别,例如 A411、B411、C411。

四、二次回路的接线工艺

(1) 按器件的位置及接线方式确定导线长度。

(2) 在导线两端套上回路标号。

(3) 将导线两端连接到器件上,导线端圆圈的弯曲方向应与拧紧螺丝的方向一致。

(4) 对插接式接线端子,导线端部剥去绝缘层插入后应留有 1~2 mm 的间隙。

(5) 当电器端子为焊接型时,应采用电烙铁进行锡焊。

接线完成后，对全部接线进行一次校对，确认无误后排齐、固定好导线和线束，然后再补贴和补写标签，进行清理和修饰工作。

第三节　电工操作实训

一、实训目的

训练学生根据电气原理图进行实际接线，提高学生的动手能力。

二、实训设备及电子元器件

隔离开关、交流接触器、热继电器、熔断器、按钮、导线、电动机。

三、实训内容

根据图 7.20～图 7.22 所示电气原理图进行实际接线，并进行调试。

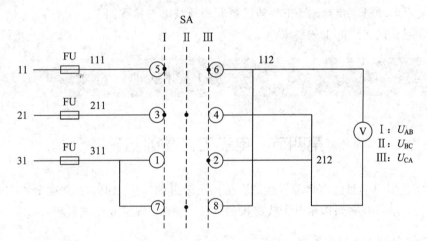

图 7.20　二次回路电压测量

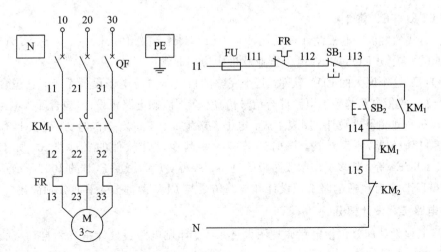

图 7.21　电动机直接启动控制

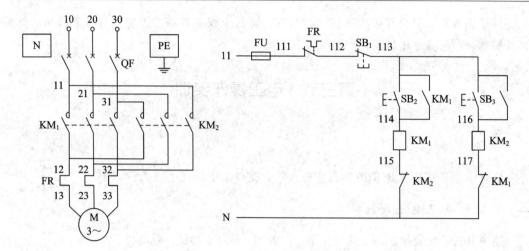

图 7.22　电动机正、反转控制

四、预习要求

(1) 复习电动机直接启动、正反转控制原理及其电气接线图。

(2) 学习二次接线的工艺要求。

第二部分　电子技术实训

第四节　电子工艺基础知识

电子工艺实习的目的是培养学生综合运用已学过的理论知识和技能去分析和解决实际问题的能力,学习并熟悉常用电子线路板的设计、制作、焊接及调试过程。

一、电子线路板的设计

(一) PROTEL 简介

随着时代的发展,电子设计自动化(Electronic Design Automation,简称 EDA)技术得到了迅速的发展,PROTEL 在电子行业软件中应用非常广泛。

PROTEL 这个庞大的 EDA 软件,是个完整的板级全方位电子设计系统,它包含了电路原理图绘制、模拟电路与数字电路混合信号仿真、多层印制电路板设计(包含印制电路板自动布线)、可编程逻辑器件设计、图表生成、电子表格生成、支持宏操作等功能,并具有 Client/Server(客户/服务器)体系结构,同时还兼容一些其他设计软件的文件格式,如 ORCAD、PSPICE、EXCEL 等,其多层印制线路板的自动布线可实现高密度 PCB 的 100% 布通率。

PROTEL 主要包括电路工程设计和电路仿真与 PLD 两部分,下面分别简述。

1. 电路工程设计部分

电路工程设计部分包括电路原理图设计系统、印刷电路板设计系统和自动布线系统三部分。

　　1) 电路原理图设计系统(Advanced Schematic)

电路原理图设计系统包括电路图编辑器(简称 SCH 编辑器)、电路图零件库编辑器(简称 SchLib 编辑器)和各种文本编辑器。本系统的主要功能是绘制、修改和编辑电路原理图；更新和修改电路图零件库；查看和编辑有关电路图和零件库的各种报表。

　　2) 印刷电路板设计系统(Advanced PCB)

印刷电路板设计系统包括印刷电路板编辑器(简称 PCB 编辑器)、零件封装编辑器(简称 PCBLib 编辑器)和电路板组件管理器。本系统的主要功能是绘制、修改和编辑印刷电路板；更新和修改零件封装；管理电路板组件。

　　3) 自动布线系统(Advanced Route)

自动布线系统包含一个基于形状(Shape－based)的无栅格自动布线器，用于印刷电路板的自动布线，以实现 PCB 设计的自动化。

2. 电路仿真与 PLD 部分

电路仿真与 PLD 部分包括电路模拟仿真系统和可编程逻辑设计系统两部分。

　　1) 电路模拟仿真系统(SIM)

电路模拟仿真系统包含一个数字/模拟信号仿真器，可提供连续的数字信号和模拟信号，以便对电路原理图进行信号模拟仿真，从而验证其正确性和可行性。

　　2) 可编程逻辑设计系统(Advanced PLD)

可编程逻辑设计系统包括一个有语法功能的文本编辑器和一个波形编辑器(Waveform)。本系统的主要功能是对逻辑电路进行分析、综合；观察信号的波形。利用 PLD 系统可以最大限度地精简编辑部件，使数字电路设计达到最简化。

　　3) 高级信号完整性分析系统(Advanced PLD)

高级信号完整性分析系统提供了一个精确的信号完整性模拟器，可用来分析 PCB 设计、检查电路设计参数、实验超调量、阻抗和信号谐波要求等。

（二）工程设计流程

电路工程设计流程如图 7.23 所示。

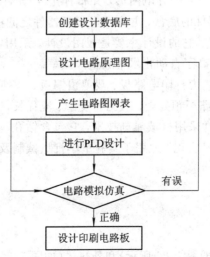

图 7.23　电路工程设计流程图

（三）电路原理图设计流程

电路原理图设计流程如图 7.24 所示。

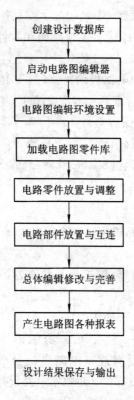

图 7.24　电路原理图设计流程图

二、PCB 板的制作

印制电路板简称印制板，英文缩写为 PCB(Printed Circuit Board)。以绝缘板为基材，切成一定尺寸，其上至少附有一个导电图形，并布有孔（如元件孔、紧固孔、金属化孔等），用来代替以往装置电子元器件的底盘，并实现电子元器件之间的相互连接。PCB 电路板的发展已有 100 多年的历史了，它的设计主要是板图设计。采用电路板的主要优点是大大减少了布线和装配的差错，提高了自动化水平和生产效率。

传统 PCB 板的制作工艺为打印电路板、裁剪覆铜板、预处理覆铜板、转印电路板、腐蚀线路板、线路板钻孔、线路板预处理。其工艺复杂、流程长，适用于大批量生产。

实验室制作 PCB 板通常采用机械雕刻技术，它包含钻孔、刻导线、透铣、孔金属化等工艺，工艺简单、周期短、易实现，适用于实验室小批量试制及学生创新实验。

三、焊接基础知识

（一）焊接工具

1. 电烙铁

常用电烙铁分内热式（如图 7.25 所示）和外热式（如图 7.26 所示）两种。内热式电烙铁的烙铁头在电热丝的外面，这种电烙铁加热快且重量轻。外热式电烙铁的烙铁头是插在电热丝里面,它加热虽然较慢,但相对比较牢固。新烙铁使用前,应用细砂纸将烙铁头打磨光亮,通电烧热,蘸上松香后用烙铁头刃面接触焊锡丝,使烙铁头上均匀地镀上一层锡。这样做,便于焊接并能防止烙铁头表面氧化。旧的烙铁头如果严重氧化而发黑,可用钢挫挫去表层氧化物,使其露出金属光泽后,重新镀锡,才能使用。

图 7.25　内热式电烙铁

图 7.26　外热式电烙铁

电烙铁使用 220 V 交流电源,使用时要特别注意安全,应认真做到以下几点:

(1) 电烙铁使用中,不能用力敲击,要防止跌落,以免震断电烙铁内部电热丝。

(2) 电烙铁通电后应放在烙铁架上,较长时间不用时应切断电源,防止高温"烧死"烙铁头(被氧化)。

(3) 电烙铁使用一段时间后,会在烙铁头部产生锡垢,影响焊接效率,在烙铁加热的条件下,可以用湿布轻擦,当出现凹坑或氧化块时应用细纹锉刀修复或更换烙铁头。

(4) 使用结束后,应及时切断电源,并拔下电源插头,冷却后,再将电烙铁收回工具箱。

2. 焊锡和助焊剂

1) 焊锡

焊接电子元件一般采用有松香芯的焊锡丝,如图 7.27 所示,这种焊锡丝熔点较低,而且内含松香助焊剂,使用极为方便。

图 7.27　焊锡丝

2) 助焊剂

常用的助焊剂是松香或松香水(将松香溶于酒精中)。使用助焊剂,可以帮助清除金属表面的氧化物，而且不仅利于焊接，又可保护烙铁头。

3. 辅助工具

为了方便焊接操作常采用电工刀、钢丝钳、尖嘴钳、断线钳、剥线钳等作为辅助工具。

1）电工刀

如图 7.28 所示，电工刀是用来剖切导线、电缆的绝缘层，切割木台缺口，削制木枕的专用工具。

图 7.28　电工刀

2）钢丝钳

钢丝钳是一种夹持、切断金属丝的工具。钢丝钳的构造及应用如图 7.29 所示。

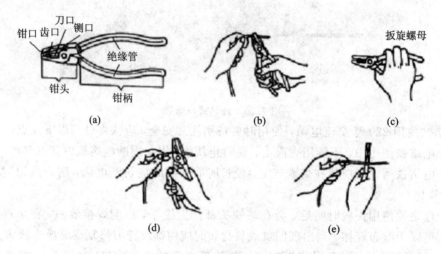

图 7.29　钢丝钳的构造及应用

3）尖嘴钳

尖嘴钳如图 7.30 所示，其头部尖细，用法与钢丝钳相似。其特点是适用于在狭小的工作空间操作。

图 7.30　尖嘴钳

4）断线钳

断线钳如图 7.31 所示，因其头部扁斜，因此又叫斜口钳，是专供剪断较粗的金属丝、线材及导线、电缆等使用的。

图 7.31　断线钳

　　5）剥线钳

　　如图 7.32 所示，剥线钳是用来剥落小直径导线绝缘层的专用工具。它的钳口部分设有几个刃口，用以剥落不同线径的导线绝缘层。

图 7.32　剥线钳

（二）手工焊接的基本步骤

　　掌握好电烙铁的温度和焊接时间，选择恰当的烙铁头和焊点的接触位置，才可能得到良好的焊点。正确的手工焊接操作过程可以分为如图 7.33 所示的五步。

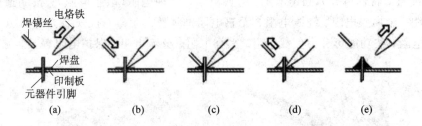

图 7.33　手工焊接的基本步骤

（a）准备施焊；（b）加热焊件；（c）熔化焊料；（d）移开焊丝；（e）移开烙铁

　　上述焊接过程，对一般焊点而言大约需用 2～3 s。

　　焊接时要有足够的温度，掌握好焊接的温度和时间对保证焊接质量至关重要。只有通过实践才能逐步掌握焊接的方法。

（三）对焊接点的基本要求

　　（1）焊接可靠，具有良好的导电性和机械强度，防止虚焊、松动。虚焊是指焊料与被焊件表面没有形成合金结构，只是简单地依附在被焊金属表面。

　　（2）焊点表面要光滑、清洁，不应有毛刺、空隙，且无污垢。

　　（3）焊点的正确形状如图 7.34 所示。焊点 a 一般焊接比较牢固；焊点 b 为理想状态，一般不易焊出这样的形状；焊点 c 表明焊锡较多，当焊盘较小时，可能会出现这种情况，但是往往有虚焊的可能；焊点 d、e 表明焊锡太少；焊点 f 说明提烙铁时方向不合适，造成焊点形状不规则；焊点 g 烙铁温度不够，焊点呈碎渣状，这种情况多数为虚焊；焊点 h 焊盘与焊点之间有缝隙，多为虚焊或接触不良；焊点 i 引脚放置歪斜。一般情况下，形状不正确的焊点，表明元件多数没有焊接牢固，一般为虚焊点，应重焊。

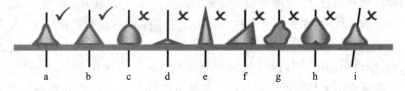

图 7.34　焊点的各种形状

正确焊点的俯视图如图 7.35 所示。焊点 a、b 形状圆整，有光泽，焊接正确；焊点 c、d 温度不够，或抬烙铁时发生抖动，焊点呈碎渣状；焊点 e、f 焊锡太多，将不该连接的地方焊成短路。

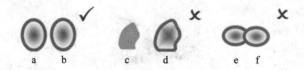

图 7.35　正确焊点的俯视图

（四）常见电子元器件的识别

1. 电阻

电阻在电路中用"R"加数字表示，如 $R15$ 或 R_{15} 表示编号为 15 的电阻。

电阻按阻值特性可分为固定电阻、可调电阻、特种电阻（敏感电阻）；按制造材料可分为碳膜电阻、金属膜电阻、绕线电阻、无感电阻、薄膜电阻等；按安装方式可分为插件电阻、贴片电阻；按功能可分为负载电阻、采样电阻、分流电阻、保护电阻等。常见电阻如图 7.36 所示。

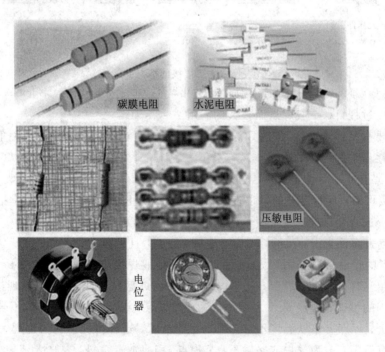

碳膜电阻　　水泥电阻

压敏电阻

电位器

图 7.36　常见电阻

电阻的单位为欧姆（Ω），倍率单位有千欧（kΩ）、兆欧（MΩ）等，换算方法是：1 MΩ＝1000 kΩ＝1 000 000 Ω。电阻的参数标注方法有直标法、色标法和数标法 3 种，其中色标法使用较为广泛。

色标法标注有四环和五环两种，四环电阻误差比五环电阻误差大，一般用于普通电子产品，五环电阻通常用于精密设备或仪器。紧靠电阻体一端头的色环为第一环，露着电阻体本色较多的另一端头为末环。如果色环电阻器用四环表示，那么前面两位数字是有效数字,第三位是 10 的倍幂,第四环是色环电阻器的误差范围,如图 7.37(a)所示;如果色环电阻器用五环表示,那么前面三位数字是有效数字,第四位是 10 的倍幂(即有效数字后"0"的个数),第五环是色环电阻器的误差范围,如图 7.37(b)所示。

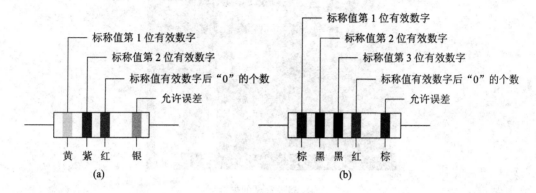

图 7.37　电阻的色标标注法

每条色环表示的意义见表 7 - 4。由此可知,图 7.37(a)中的色环为黄、紫、红、银,阻值为 $47 \times 10^2\ \Omega = 4.7\ \mathrm{k\Omega}$,其误差为 ±10%。图 7.37(b)中的色环为棕、黑、黑、红、棕,阻值为 $100 \times 10^2\ \Omega = 10\ \mathrm{k\Omega}$,其误差为 ±1%。

表 7 - 4　电阻的色环

颜色	第 1 位 有效数字	第 2 位 有效数字	第 3 位有效数字 (4 环电阻无此环)	倍率	误差
黑	0	0	0	10^0	
棕	1	1	1	10^1	±1%
红	2	2	2	10^2	±2%
橙	3	3	3	10^3	
黄	4	4	4	10^4	
绿	5	5	5	10^5	±0.5%
蓝	6	6	6		±0.25%
紫	7	7	7		±0.1%
灰	8	8	8		
白	9	9	9		
金				10^{-1}	±5%
银				10^{-2}	±10%

2. 电容

电容是存储电能的元件,具有充放电特性和通交流隔直流的能力。主要用于电源滤波、信号滤波、信号耦合、谐振、隔直流等电路中。电容在电路中用"C"加数字表示,如 $C13$ 或 C_{13} 表示编号为 13 的电容。

电容按照功能可分为涤纶电容、云母电容、高频瓷介电容、独石电容、电解电容等;按照安装方式可分为插件电容、贴片电容；按照在电路中的作用可分为耦合电容、滤波电容、退耦电容、高频消振电容、谐振电容、负载电容等。常见的电容如图 7.38 所示。

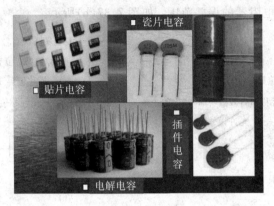

图 7.38　常见的电容

电容的容量单位为：法（F）、微法（μF）、皮法（pF）。一般我们不用"F"作单位，因为它太大了。各单位之间的换算关系为：

$$1 \text{ F} = 1000 \text{ mF} = 1000 \times 1000 \text{ }\mu\text{F}$$
$$1 \text{ }\mu\text{F} = 1000 \text{ nF} = 1000 \times 1000 \text{ pF}$$

电解电容有正、负之分，其他都没有。注意观察，若在电解电容侧面标识有"－"，表明是负极；如果电解电容上没有标明正、负极，也可以根据引脚的长短来判断，长脚为正极，短脚为负极。

3. 电感

电感是能够把电能转化为磁能而存储起来的元件。电感器的结构类似于变压器，但只有一个绕组，是用绝缘导线（例如漆包线、纱包线等）绕制而成的电磁感应元件。

电感量的基本单位是亨利（简称亨），用字母"H"表示。常用的单位还有毫亨（mH）和微亨（μH），它们之间的换算关系是：

$$1 \text{ H} = 1000 \text{ mH}$$
$$1 \text{ mH} = 1000 \text{ }\mu\text{H}$$

电感按照工作频率可分为高频电感、中频电感和低频电感；按照用途可分为振荡电感、校正电感、阻流电感、滤波电感等；按照结构可分为线绕式电感和非线绕式电感。常见的电感如图 7.39 所示。

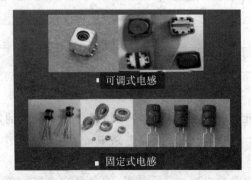

图 7.39　常见的电感

4. 二极管

二极管为半导体器件,在电路中常用"VD"加数字表示,如:VD5 或 VD₅ 表示编号为 5 的二极管。二极管的主要特性是单向导电性,也就是在正向电压的作用下,导通电阻很小,而在反向电压作用下导通电阻无穷大。

晶体二极管按作用可分为整流二极管、隔离二极管、肖特基二极管、发光二极管、稳压二极管等。常见的二极管如图 7.40 所示。

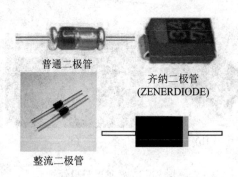

普通二极管

齐纳二极管
(ZENERDIODE)

整流二极管

图 7.40 常见的二极管

二极管的识别很简单,小功率二极管的 N 极(负极),在二极管外表大多采用一种色圈标出来,色圈表示负极,如图 7.40 第二排所示;有些也采用符号来表示,P 为正极,N 为负极;发光二极管极性也可从引脚长短来识别,长脚为正,短脚为负。

用万用表也能判断二极管极性。使用指针式万用表判断二极管极性时,将红表棒插在"+"端,黑表棒插在"-"端,二极管搭接在表棒两端(见图 7.41),观察万用表指针的偏转情况,如果指针偏向右边,显示阻值很小,表示二极管与黑表棒连接的为正极,与红表棒连接的为负极。反之,如果显示阻值很大,那么与红表棒搭接的为正极,与黑表棒搭接的为负极。

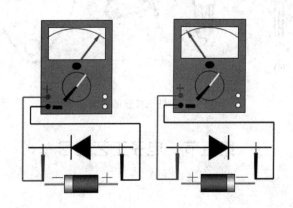

图 7.41 用指针式万用表判断二极管极性

用数字式万用表去测二极管时,红表棒接二极管的正极,黑表棒接二极管的负极,此时测得的阻值才是二极管的正向导通阻值,这与指针式万用表的表笔接法刚好相反。

5. 三极管

三极管是一种电流控制电流的半导体器件,其作用是把微弱信号放大成辐值较大的电信号。三极管在电路中常用"V"加数字表示，如：V17 或 V_{17} 表示编号为 17 的三极管。

三极管按材质可分为硅管、锗管；按结构可分为 NPN 型、PNP 型；按功能可分为开关管、功率管、达林顿管、光敏管等；按功率可分为小功率管、中功率管、大功率管；按工作频率可分为低频管、高频管、超频管；按结构工艺可分为合金管、平面管；按安装方式可分为插件三极管、贴片三极管。常见的三极管如图 7.42 所示，常见三极管的管脚识别方法如图 7.43 所示。

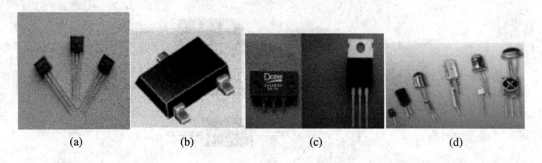

图 7.42　常见的三极管

(a) 插件三极管；(b) 贴片三极管；(c) 大功率三极管；(d) 光敏三极管

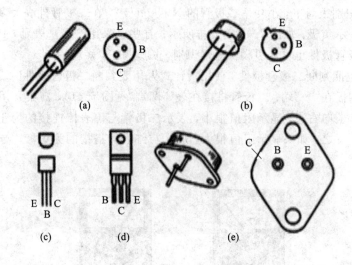

图 7.43　常见三极管的管脚识别

第五节　电子工艺实习

一、实习要求

(1) 认真练习焊接技术。

(2) 电路板焊点、线头焊接符合标准。

(3) 元件布局规范。

(4) 整机工作正常。

二、实习目的

(1) 熟悉电子产品的组成和工作原理。

(2) 通过对电子产品的安装、焊接及调试，了解电子产品的生产制作过程。

(3) 掌握电子元器件的识别，提高对整机电路图与电路板图的识读能力。

(4) 学会利用工艺文件独立进行整机的装焊和调试，并达到产品质量要求。

(5) 训练动手能力，培养工程实践观念及严谨细致的科学作风。

三、实习内容

(1) 根据电子产品的原理图进行元器件的安装与焊接。

(2) 完成电子产品的组装并进行功能调试。

四、实习选题

(1) 超外差收音机的组装与调试。

(2) 音乐门铃的组装与调试。

(3) 万用表的组装与调试。

(4) 有源音箱的组装与调试。

参 考 文 献

[1]　张峰，吴月梅，李丹. 电路实验教程[M]. 北京：高等教育出版社，2008

[2]　段玉生，王艳丹，何丽经. 电工电子技术与 EDA 基础(上)[M]. 北京：清华大学出版社，2004

[3]　曹泰斌. 电工电子技术实验[M]. 北京：清华大学出版社，2012

[4]　严洁，刘沛津. 电工与电子技术实验教程[M]. 北京：机械工业出版社，2009

[5]　李柏龄. 电工与电子技术实验教程[M]. 北京：中国建材工业出版社，2005.

[6]　朱承高，吴月梅. 电工及电子实验(非电类专业)[M]. 北京：高等教育出版社，2010

[7]　贾爱民，张伯尧. 电工电子学实验教程[M]. 杭州：浙江大学出版社，2009

[8]　秦曾煌. 电工学(7 版)[M]. 北京：高等教育出版社，2009

[9]　申文达. 电工电子技术系列实验(3 版)[M]. 北京：国防工业出版社，2011

[10]　杨志亮. Protel 99 SE 电路原理图设计技术[M]. 西安：西北工业大学出版社，2002

[11]　童诗白，华成英. 模拟电子技术基础[M]. 北京：高等教育出版社，2009

[12]　康华光. 电子技术基础[M]. 北京：高等教育出版社，2004

[13]　RIGOL DS-5000 系列数字存储示波器用户手册. 2003

[14]　王久和，李春云. 电工电子实验教程[M]. 北京：电子工业出版社，2013

[15]　徐国华. 模拟及数字电子技术实验教程[M]. 北京：北京航空航天大学出版社，2004

[16]　殳国华，张晴，李丹，等. 电子技术实验[M]. 北京：高等教育出版社，2011

[17]　张新喜，等. Multisim 10 电路仿真及应用[M]. 北京：机械工业出版社，2010